구원투수로
농업
세워라

구원투수로 농업 세워라

세워라

성진근 지음

책넝쿨

지금으로부터 25년 전의 일이다. 서울대와 중앙대 재직 교수 2명과 함께 우루과이라운드 협상 자문위원으로 위촉되었다. 지방대 교수에게 주어진 나랏일에 봉사할 수 있는 행운의 기회에 감사하는 마음으로 열심히 일했다.

그것이 시작이었다. 농산물시장 개방 관련 전문가로서의 학자 생활이 이때를 계기로 시작되었다. 아마도 260여 편에 달하는 개인 연구 실적물 가운데 절반 이상은 시장개방이란 외생변수와 관련된 것이고, 10여 건의 수상 및 표창 실적의 절반 이상도 이와 관련된 것일 성싶다. 미국대학(Iowa주립대)의 부설연구소(CARD) 초빙연구원으로 초청받을 수 있었던 것도 이와 관련된 인연 때문인 것 같다.

자급(自給)적인 생산 체계를 오랫동안 유지해 오다가 시장 판매를 목적으로 하는 상업적(商業的) 영농으로 겨우 전환되기 시작하는 즈

음에 밀어닥친 시장개방은 한국농업에 재앙으로 비쳤다. "벼랑 끝에 몰린 한국농업" "헤비급과 플라이급의 권투시합", 그 당시 농업 전문지에 실린 기억에 남는 기사 제목들이다. 농민들이 받게 될 충격과 패배감을 추스르기 위해서, 그리고 국내 농업을 개방의 높은 파고에서 지켜내기 위해서 다양한 개방 대응 대책위원회가 구성되었다. 때로는 위원으로 때로는 위원장으로 위촉되어, 이견을 조율하고 바람직한 정책결정 방향에 대한 자문의견을 냈다.

아쉬운 일도, 보람있는 일도 많았다. 기억에 남는 가장 아쉬운 일은 2004년 쌀 관세화 개방유예 결정을 끝내 막아내지 못한 일이다. 그때 관세화 개방을 수용했더라면, 계속 도입해야 할 의무수입 쌀 물량이 지금의 절반 수준에서 머물렀을 텐데, 그리고 쌀값이 10년째 제자리걸음을 하진 않았을 텐데….

세계무역기구(WTO) 체제하의 다자간 개방 협상(WTO/DDA)이 주춤거리는 사이에 양자간 자유무역협정(FTA)이 동시다발적으로 체결되기 시작하였다. 마침내 우리 경제에 미치는 영향력이 큰 EU, 미국, 중국 등 거대 경제권과의 자유무역협정이 2015년 현재 발효되었거나(EU, 미국) 협상이 타결되어 국회 비준을 기다리고 있다(중국). 쌀의 관세화에 의한 개방마저 2015년부터 시작되면서 한국농업은 거의 전면개방 시대로 접어들고 있다.

개방 협상에 의한 관세율 감축의 정도가 작았던 탓인지, 아니면 각종의 개방 대응 대책의 효과가 발현되었기 때문인지, 한국농업은 개방 폭의 확대에도 불구하고 크게 위축되지는 않았다. 개방 당초의 심각한 우려가 빗나간 것이다. 오히려 시장개방이 본격화한 1995년부터 2009년까지 14년 동안 농림어업 생산액은 연평균 1.27%씩의 실질성장을 계속해 왔다.

그러나 2009년부터 2013년까지 4년간 연속적으로 연평균 -1.05%씩 부(-)의 성장률을 기록하고 있다. 기상 조건 등의 영향으로 농업실질생산액이 해마다 다소 줄거나 늘 수는 있는 일이다. 그러나 4년 연속 생산액이 줄어든다는 것은 예삿일이 아니다. 그동안의 관세 감축으로 인한 개방 피해가 현저해지고 있는 것은 아닐까? 여태까지는 한국농업이 비농업 부문에 비해서 상대적인 저성장산업이었으나, 지금부터는 절대 생산액마저 줄어드는 쇠퇴산업으로의 길로 본격적으로 들어서는 것은 아닐까?

농식품부는 농업을 미래성장산업으로 발전시키기 위한 여러 가지 대책을 발표하고 있다. 그러나 아랫돌 빼서 윗돌 괴고 윗돌 빼서 아랫돌 괴는 현상대응적이고 평균적인 정책 접근 방식으로는 이를 도저히 실현시킬 수가 없다. 경제 발전에 따라 값이 비싸진 자원(토지와 노동)을 값싸진 자원(자본)으로 대체시키는 자원결합 구조의 근본적인 개혁이 없이는 글로벌 경쟁 시대를 버티어 내는 국제경쟁력 향상을 끝내 이뤄낼 수가 없기 때문이다.

토지와 노동 집약적 이용 구조인 현재의 자원결합 구조를 개혁하기 위해서는 농업 부문에 대한 자본 공급이 충분히 이뤄져야 한다. 그러나 막상 정부의 농정예산 증가율은 전체예산 증가율의 절반 수준에도 미치지 못하는 일이 10년 이상 계속되고 있다. 민간 부문의 남아도는 자본을 농업 부문의 투자로 연결시킬 수 있는 통로를 개설하기 위한 노력도 전혀 보이지 않는다.

예컨대, 재정당국은 정부나 민간이 위험과 이익을 분담, 공유할 수 있는 사업 방식을 제시하면서 민간의 막대한 사내유보금을 투자로 유도하기 위한 민간투자 활성화 방안을 발표했다(2015. 4. 8.). 그러나 사업 대상 분야에서 농업 분야는 아예 쏙 빠져 있다. 창조경제의 핵심인 S/W산업 육성과 사물인터넷, 빅데이터 등 소위 신산업에 대한 투자 확대와 금융, 보건, 의료, 교육, 관광 등 부가가치가 높은 서비스산업 육성을 위한 투자 확대 논의는 무성하게 진행되고 있다. 그러나 성장잠재력이나 파급효과 면에서 거론되고 있는 신산업에 못지않게 중요한 농업의 미래성장산업화를 위한 투자 확대 논의는 어디에서도 찾아볼 수가 없다.

웬일일까? 지도자들이 부추겨만 주어도 농민들이 흥이 나서 자력으로 농업을 미래성장산업으로 만들어 낼 수 있을 것이라고 엉뚱하게 믿고들 있기 때문일까?

UR협상이 막바지 단계로 치닫고 있던 1992년 2월, 『농(사람, 일, 터)의 가치와 역할』(을유문화사)이란 책을 펴냈다. 시장개방에 대응하여 농민, 농업, 농촌이 생산·공급하는 시장가격의 크기로 평가되지 않은 공익적 가치의 중요성을 논의 주제로 하는 저술이었다. 그리고 이 책으로 제4회 자유경제출판문화상(전국경제인연합회)을 받는 영예도 누렸다.

시장개방 20년을 지나면서 한국농업은 위축의 악순환 구조로 빠져들고 있다. 설상가상 격으로 한국경제는 이미 장기 침체의 위기로 내몰리고 있고, 분단 70년이 지나고 있는데도 불구하고 남북통일의 길을 열 수 있는 실마리조차 찾지 못하고 있다.

산업화 경제개발과 시장개방화 과정에서 우리 경제의 부담산업으로 인식되어 뒷방살이 신세로 전락한 한국농업의 전략적 가치를 새삼 강조해야 한다고 생각했다. 장기 저성장의 늪으로 빠져들고 있는 한국경제의 뒷마당에 숨겨진 수익성 높은 투자사업으로서의 가치를, 그리고 신상품과 신시장을 창출하는 성장동력으로서의 한국농업의 잠재적 가치를 널리 알려야 한다고 생각했다. 북한과의 상생적 농업협력사업을 추진함으로써 북한 주민의 '먹고 사는' 민생 문제부터 풀어나가는 것이 북한 주민의 얼어붙은 마음을 녹일 수 있고, 그들의 마음을 얻어야 북한 군부의 도발 의지도 꺾고 통일로 가는 길도 쉽게 열수 있다는 점을 강조하고 싶었다.

농업을 앞장세워야 경제 위기도 극복할 수 있고 통일도 앞당길 수 있다는 사실을 널리 알리는 것이 나에게 주어진 마지막 사명이라고 생각했다.

이 책은 6개의 장으로 구성된다. 제1장에서는 위축의 악순환 과정에서 허덕이고 있는 한국농업의 어두운 자화상을 조명했다. 제2장과

3장에서는 저성장의 늪으로 빠져들고 있는 한국경제의 문제점을 여러 각도에서 짚었다. 제4장과 5장에서는 한국농업의 미래성장산업화 가능성을 검토하고 이를 위한 농업정책의 혁신 방향과 과제를 논의하였다.

제6장은 이 책의 결론 부분으로 농업을 구원투수로 내세워야 경제위기 극복도, 남북통일의 길도 쉽게 열어갈 수 있음을 강조하였다.

"이 책이 내 마지막 작업이야!!!" 몇 번이고 다짐하면서 쓰고, 읽고, 고쳤다. 기억력과 집중력이 현저하게 떨어진 나이에 책을 쓴다는 건 그만큼 어려운 일이었다.

많은 분들의 도움이 있었다. 나에게 이 책을 집필할 동기를 제공해 주신 전국새농민회 성효용 회장님께 먼저 감사드린다. 읽기 좋은 예쁜 책을 만들어 주신 농민신문사 기획출판부와 꼼꼼히 다듬어준 김홍선 논설위원, 그리고 자료를 챙겨주고 워딩 작업을 해준 송치홍·이실 군에게도 감사드린다.

저마다의 분야에서 제 몫을 다하고 있는 자랑스러운 아들 용주, 형주, 기주와 50여 년의 세월 동안 한결같이 까다로운 학자생활을 뒷바라지 해준 아내 조숙자에게 이 책을 바친다.

2015. 11.
수서 연구실에서
성 진 근

CONTENTS

표 차례

chapter1

한국농업의
어두운
자화상自畵像

한국농업의
어두운
자화상自畵像

농업 위축의 악순환 현장

　한국농업의 위축이 본격적으로 진행되고 있다. 2010년까지 농업 GDP는 다른 산업에 비해서 상대적으로 낮은 성장률에 의한 성장을 그나마 계속해 왔지만, 2010년 이후부터는 실질생산액마저 줄어들고 있다. 1960년대 후반부터 본격화된 근대화·산업화 경제성장 과정을 거치면서 그리고 시장개방화 과정에서 한국농업의 상대적인 위축이 쉼없이 진행되어 왔다.

　국민총소득 중에서 농림어업이 차지하는 비중이 26%(1970)에서 2%(2014)로 줄어드는데 한국은 40년의 기간이 소요되었다. 그러나 대부분의 선진국들은 100년 이상이 소요되었다. 급속한 경제성장 과정에서 다른 나라보다 2.5~3배 이상의 빠른 속도로 농업의 상대적인 위축이 진행되어온 것이다.

　청년층을 중심으로 한 지속적인 이농현상(Migration)이 진행된

결과 농가인구는 지난 40년간 1/5 수준으로 감소하여(1440만 명
→280만 명), 전 인구 중에서 농가인구가 차지하는 비중은 44.7%에
서 5.7%로 줄어들었다. 또한 국민총소득 중에서 농업생산액이 차지
하는 비율도 지난 40년간 26.2%에서 2.1%로 1/10 이하 수준으로
감소하였다(그림 1-1).

　농업은 "돈 되지 않는 산업"이고, 농촌은 "떠나지 못해 남은 사람이
사는 땅"이란 인식이 급속한 경제성장 과정을 거치는 동안에 국민들
뇌리에 자연스레 형성돼 버린 것이다.

〈그림 1-1〉 농가인구의 감소와 농업생산액의 위축(1970~2013)

자료: 농식품부, 농림축산식품 주요통계, 각 년도

　1995년부터 세계무역기구(WTO) 체제하에서 농산물 시장개방이
진행된 이래, EU·미국·중국 등 거대경제권과의 자유무역협정(FTA)이
동시다발적으로 체결되고, 유예되어왔던 쌀의 관세화에 의한 개방마
저 시작(2015)되는 등 한국 농산물시장은 거의 전면개방 시대로 진입
하고 있다.

농림수산물 수입액은 1995년의 105억 2000만 달러에서 2005년 142억 7000만 달러로 연평균 3.1%씩 완만하게 증가하다가 2005년 이후에는 2013년 341억 9000만 달러까지 8년간 연평균 11.5%씩 급속히 증가함으로써 개방 20년 만에 3.3배 규모로 증가하였다. 이에 따라 농림수산물 무역수지(수출-수입)도 1995년의 70억 5100만 달러 적자에서 2013년에는 263억 1700만 달러 적자로 3.7배 확대되었다. 이 뿐만 아니다. 중국과의 FTA가 발효되면 지리적 인근성과 낮은 생산비, 그리고 온대에서 아열대성 기후대에 걸쳐 있는 넓은 국토에서 생산되는 농산물의 다양성 등 중국 농산물이 보유한 비교우위성 때문에 개방 피해의 폭은 더욱 확대될 것으로 우려되고 있다.

반세기 동안 계속되어온 한국농업과 농촌의 상대적인 위축 추세가 앞으로는 더욱 가속화될 것이라는 우려와 패배감이 농촌의 들녘마다 짙게 드리워지고 있다. 가뭄을 겨우겨우 이겨낸 들녘에는 풍년을 알리는 황금빛 물결이 넘실대고 있지만, 작년 추수 때 가격보다 더 떨어지고 있는 산지 쌀값이 농가의 한숨 소리만 키우고 있다.

"그 놈의 무관세로 수입되는 의무수입 쌀이 한 해 쌀 소비량의 10%를 넘는다며?…"

10년간(2005~2014) 쌀의 관세화에 의한 개방을 유예하는 대가로 우리나라는 5% 양허관세율에 의한 의무수입량을 매년 늘려주어야 했고, 이에 따라 의무수입량은 현재 쌀 소비량의 10% 해당량으로까지 증가했다. 값싼 해외 쌀의 수입 증가 때문에 우리 쌀의 내수시장은 더욱 위축되었고, 산지 쌀값은 10년째 16만 원/80kg을 맴돌고 있다. 산지 쌀값은 정체 상태인데, 생산비는 해마다 오르니 벼 재배면적이 줄어들 수밖에 없다. 벼 재배면적의 감소는 쌀 생산 위축뿐만 아니라, 식량안보 잠재력마저 위축시키고 있는 중대사안인 것이다.

지난 40년간(1970~2010) 농림어업 분야가 국민총소득에서 차지하는 비중은 17.8%에서 2.2%로 크게 줄어들었다. 그러나 이 기간 동안에 농림어업 분야는 연평균 2.77%씩 생산액이 실질성장해 왔다. 그러나 EU, 미국 등 거대경제권과의 FTA협정이 발효되기 시작한 2009년 이후 2013년까지 농림어업 분야는 역사상 처음으로 4년 연속 연평균 -1.05%씩 부(-)의 성장을 보이고 있다.

농산물 시장개방 폭의 확대가 진행될수록 값싼 해외 농산물의 수입은 증가하게 될 것이고, 이에 따라 국내 농산물 가격이 정체 또는 하락하게 되면 농가소득도 따라서 하락해 갈 것이다. 젊고 유능한 인력자원을 비롯한 토지와 자본 등 농업 부문에 고용되어 있던 우량 생산자원의 농업 이탈이 진행됨에 따라서 농업 부문에 대한 투자와 생산이 감소하게 되면 이는 다시 해외 농산물 수입 확대로 이어지게 되는 국내 농업 위축의 악순환 구조가 본격적으로 진행되고 있다는 것이다(그림 1-2).

어떻게 지긋지긋한 이 악순환 구조를 벗어날 것인가?

농업의 지속적인 위축 추세를 막아내기 위하여 그동안 농민단체들은 시장개방 확대 시책을 줄기차게 반대해 왔다. 그러나 한국경제의

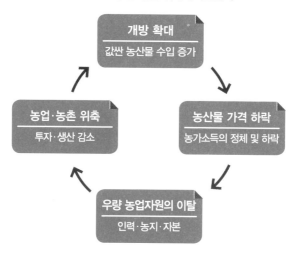

〈그림 1-2〉 농업·농촌 위축의 악순환 구조

개방 확대
값싼 농산물 수입 증가

농산물 가격 하락
농가소득의 정체 및 하락

우량 농업자원의 이탈
인력·농지·자본

농업·농촌 위축
투자·생산 감소

무역의존적 구조의 특징상 지속적인 경제성장과 일자리 확대 등 거시적 목표의 달성을 위하여 농민단체의 개방 반대 의견은 찻잔 속의 태풍쯤으로 여겨졌다. 정부는 개방 확대를 추진하되, 농가 피해보전을 중심 내용으로 하는 소극적인 개방 대책을 그동안 추진해 왔다.

농가 피해보전 대책이란 도대체 뭔가? 한 마디로 개방으로 인한 농가 피해를 일정수준만큼 보전함으로써 농가의 농업소득을 현재 상태로 유지하도록 하겠다는 대책이다. 그러므로 피해보전 중심의 소극적인 개방 대책의 한계는 분명하다. 왜냐하면 우리 농산물의 국제경쟁력을 강화시킴으로써 농업 위축의 악순환 고리를 단절시킬 수 있는 원인대응적인 대책과는 거리가 한참 멀기 때문이다. 또한 완벽한 피해보전도 기대하기 어렵다. 예컨대 체리의 경우, 한·미 FTA로 관세율이 45%에서 27%(2015)로 대폭 낮아져서 체리의 수입이 크게 늘어났지만, 국내의 체리 생산은 거의 없으므로 피해보전을 요구하는 목소리도 거의 없다. 물론 피해 대책도 없긴 마찬가지이다. 그러나 체리 수입 확대로 인한 실제적인 피해는 방울토마토를 비롯해 수박, 참외, 사과 등 국내 전 과일 소비의 위축으로 파급되었다. 과일 소비의 대체성이 크기 때문에 야기되는 이러한 피해를 효과적으로 보전할 수 있는 대책을 수립하는 것 자체가 무리 아닐까?

이런 저런 이유로 현재의 소극적인 개방 대책하에서 농업의 위축 추세는 수그러들지 않고 계속되고 있는 데도 불구하고, FTA 체결 때마다 농민단체는 피해보전을 요구하고 있고 정부 역시 관행적으로 피해보전 위주의 개방 대책을 발표하는 한심한 일이 계속되고 있다.

이제는 현상미봉적인 개방 대책에서 벗어날 때가 되었다. 농업 위축의 원인해소적인 개방 대책, 즉 국제경쟁력 향상을 위한 원인대응적인 정책 개발과 실천에 나서야만 위축의 악순환 구조를 비로소 벗어날 수 있다.

성장잠재력이 왜소화되고 있다

평균농가를 대상으로 하는 평면적인 피해보전 위주의 개방 대응 정책 추진 과정에서 한국농업의 성장잠재력[1]은 지속적으로 위축되어 왔다. 한국농업 위축의 악순환을 상징하는 최근 10년간(2003~2013)의 대표적인 농업 부문 지수의 변화를 통하여 이를 살펴보자.

| 구원투수로 농업 세워라 |

먼저 농림수산물 수입액은 121억 8000만 달러(2003)에서 341억 9000만 달러(2013)로 2.8배 증가하였다.

농림어업 취업자 수는 195만 명(2003)에서 152만 명(2013)으로 22% 감소했으며, 이 중에서 60세 이상 노령층이 전체 취업자 중에서 차지하는 비율은 50.5%에서 60.9%로 증가한 반면에 40세 이하 젊은 농업노동력은 17만 1000명에서 10만 1000명으로 10년간 41%가 감소했다. 이에 따라서 전체 농업노동력 중에서 젊은 층이 차지하는 비중도 9.0%에서 6.7%로 낮아졌다.

또한 농경지 면적은 184만 6000ha(2003)에서 171만 1000ha(2013)로 7.3% 감소했다. 이 중에서 논 면적은 112만 7000ha에서 96만 4000ha로 14.5%가, 그리고 벼 재배면적은 101만 6000ha에서 83만 3000ha로 18%가 감소했다. 벼 재배면적의 감소에 따라 쌀이 지탱해 오던 우리나라의 식량자급도는 27.8%에서 23.1%로 떨어졌다.

밥 한 공기에 포함된 쌀값(농가수취가격)은 얼마나 될까? 식생활 변화가 진행되어 밥 공기 크기가 줄어듦에 따라 밥 한 공기에 들어가는 쌀도 80g 내외로 크게 줄었다. 그러므로 오늘날의 밥 한 공기 쌀값은 쌀 한 가마니(80kg)를 18만 원이라 할 때 자판기 커피 한 잔 값에도 못 미치는 180원에 불과하다. 그런데도 산지 쌀값(원/80kg)은 지난 10년간 16만 2000원(2003)에서 16만 원(2013)으로 하락 내지 정체 상태를 계속해 왔다. 쌀값은 그대로인데 인건비, 비료, 농약비 등 농자재 값이 계속 올라 쌀 생산비(논벼 10a당 생산비)는 지난 10

년간 22.5% 올랐다. 수지가 맞지 않는 쌀농사를 애국심으로 계속할 사람은 별로 없다. 또한 이를 정부가 강요할 방법도 없다. 이에 따라서 벼 재배면적은 전체 농경지 면적이나 논 면적의 감소율보다 높은 비율로 감소하게 된 것이다.

산지 쌀값의 정체 및 하락은 미곡 재배면적의 감소로 이어지고, 쌀농사에서 이탈한 우량 농경지는 채소·원예작물 재배 증가로 연결되어 과채류 가격의 전반적인 하락 추세를 유발하고 있다. 쌀 가격 하락 현상이 전체 농산물 가격 하락으로 번지면서 농업·농촌의 위기감은 더욱 증폭되고 있는 것이다. 지난 10년간 산지 쌀값은 생산자물가지수(평균)보다 훨씬 낮은 수준에서 형성되어 왔으며, 그 격차는 해마다 벌어지고 있다. 그러나 쌀 생산비는 지난 10년간 연평균 2%씩 상승해 왔다(그림 1-3).

〈그림 1-3〉 산지 쌀값과 쌀 생산비 및 생산자물가지수의 추이(2003~2013)

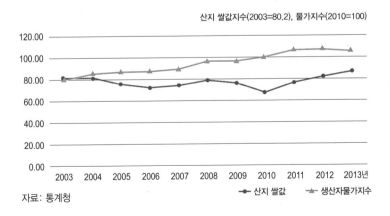

산지 쌀값지수(2003=80,2), 물가지수(2010=100)

자료: 통계청

| 구원투수로 농업 세워라 |

농산물 가격의 정체와 하락 추세에 따라서 호당 농업소득은 1057만 2000원(2003)에서 1003만 5000원(2013)으로 10년 전에 비해서 오히려 하락했고, 농가소득과 도시근로자가구소득 간의 격차는 23.8%(2003)에서 37.6%(2013)로 확대되었다. 그리고 농가소득 중에서 농업소득이 차지하는 비중은 39.3%(2003)에서 29.1%(2013)로 30% 이하 수준으로 감소했다.

안타까운 일은 농업 부문에 대한 실질자본 투자마저 감소하고 있다는 것이다. 농업 내부의 투자 여력이 부족한 데다, 시장개방 확대에 따른 불안감 등이 가세하여 신규자본 투자는 1995~1997년 평균 연간 7조원에서 2008~2010년 평균 3.4조원으로 절반 이하 수준으로 감소하고 있다. 농업 인력의 양적, 질적 감소에 더하여 신규 투자마저 감소하고 있는 바람에 농업의 성장잠재력은 날로 왜소화되고 있는 것이다.

농업 위축 진행으로 전체 농가의 42%를 차지하고 있는 0.5ha 이하 영세농가의 빈곤화에 의해서 농가 계층의 양극화마저 심화되고 있다.

지난 15년간 소득 상위 20% 계층에 속한 도시근로자소득은 41.3% 증가했는데 상위 20% 계층의 농가소득은 0.7% 증가에 머물렀다. 그러나 하위 20% 소득 계층에 속한 도시근로자소득은 24.3%가 감소했는데 비해서 하위 20% 계층의 농가소득은 83.5%가 감소했다. 상위 계층의 소득 증가율은 도시근로자가구가 훨씬 높은 반면에, 하위 소득 계층의 소득 감소율은 농가소득이 더 컸다. 즉, 같은 계측 기간 동안 농가의 계층 간 소득 양극화가 도시근로자가구의 그 것보다 농가의 하위 소득 계층이 보다 두터워지는 방향으로 더욱 심화되고 있음을 알 수 있다(표 1-1).

〈표 1-1〉 도시근로소득 및 농가소득의 계층별 증감률 비교(1996/2011)

(단위: %)

구분	상위 계층			하위 계층		
	1%	10%	20%	40~60%	20~40%	20%
근로소득*	76.9	53.8	41.3	-3.9	-9.7	-24.3
농가소득	58.2	5.8	0.7	-28.7	-38.7	-83.5

출처: 박준기(2013), 농업전망 2013 (* 근로소득은 김낙연(2012)의 연구 참조)

또한, 연간 판매액별 농가 수도 소액 판매농가와 고액 판매농가가 같이 증가하는 방향으로 양극화하는 경향을 보이고 있다. 즉, 500만 원 미만 판매농가의 비율은 1995년 47.3%에서 2010년 53.1%로 증가했으며, 3000만 원 이상 판매농가의 비율도 1995년 4.46%에서 2010에는 12.9%로 증가하고 있다(표 1-2).

〈표 1-2〉 판매액별 농가 수 분포

(단위: 원, 호, %)

구분	100만 미만	100만 ~ 500만	500만 ~ 1000만	1000만 ~ 2000만	2000만 ~ 3000만	3000만 ~ 5000만	5000만 ~ 1억	1억 ~ 2억	2억 이상	총 농가 수	3000만 원 이상 농가 비율
1995	20.50	26.79	23.56	17.53	7.16	3.58	0.71	0.14	0.04	1,500,745	4.46
2000	22.04	26.19	21.04	16.35	7.85	4.30	1.67	0.42	0.13	1,383,468	6.53
2005	23.69	27.99	16.61	13.61	7.83	5.75	3.23	0.88	0.41	1,272,908	10.27
2010	23.22*	29.90*	14.73	11.96	7.28	6.17	4.54	1.48	0.74	1,177,318	12.92

출처: 이태호(2015), 미래성장산업화와 농정혁신방안, 농업의 미래성장산업화와 농정혁신 정책토론회
자료: 농림어업총조사, 통계청 / * 2010년은 100만 원 대신 120만 원을 구간으로 사용

가장 심각한 문제는 농가소득이 최저생계비에 미달하는 절대빈곤 농가 수가 고령농가를 중심으로 하여 증가하고 있다는 점이다. 농가소득이 최저생계비에 미달하는 농가의 비중은 2004년 8.5%에서 2011년 23.7%로 늘어나고 있다. 특히 최저생계비에 미달하는 농가 중에서 65세 이상의 고령농가가 53.6%를 차지하고 있는 것이 큰 문제이다(그림 1-4).

〈그림 1-4〉 최저생계비 이하 농가 비중 변화 추이

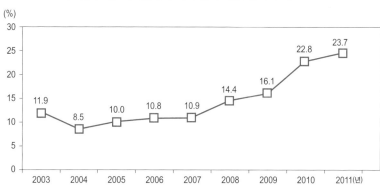

출처: 박준기(2013), 한국농촌경제연구원, 농업전망 2013

　이러한 농업·농촌 성장잠재력의 위축은 농업·농촌의 지속가능성을 위협하는 악순환 구조를 동반하고 있어 우리의 우려를 더욱 크게 한다.

　첫째, 농가소득의 지속적인 악화에 의한 투자 부족과 이로 인한 규모화 등 경영효율화 실현을 위한 자발적 동기 부족 및 유능한 인적자원 부족, 그리고 소득직불제 강화 요구로 상징되는 정부의존성 심화가 농업의 자생력 약화를 유발하고 있고, 이것이 농업의 지속가능성을 위협하고 있다.

둘째, 농업생산의 부진과 쇠퇴, 농촌인구의 감소와 노령화로 인한 자체적인 지역개발 역량 부족, 농촌정주 여건의 상대적인 열악화 등이 맞물리면서 농촌마을 공동화(空洞化)로 상징되는 농촌 지역사회의 지속가능성이 크게 위협받고 있다.

수입 농산물이 점차 증가하고 있는 현실에서 국민들의 농업에 대한 우호적인 인식마저 점차 싸늘하게 변하고 있는 점은 농업 위기의 숨어 있는 또 다른 단면이다. 국민의식조사 결과에서 "농산물 시장이 개방될수록 소비자에게 유리하다"는 응답이 67.2%에 달하고, 값이 비싸더라도 국산 농산물을 구매하겠다는 소비자가 29.5%에 불과한 점[2] 등 국민들의 우리 농산물에 대한 충성도가 최근 들어서 더욱 낮아지고 있다는 점이 농업의 성장잠재력에 대한 현실적인 위협 요인이 된다는 것이다.

도시에서 태어나서 도시에서 자란 이농(離農) 제3세대들은 농업의 소중함을 이해하기 어렵고 떠나온 고향을 살려야 한다는 그들의 선대들이 보여주었던 애틋한 마음도 희박할 수밖에 없다. 많은 국민들이 농업을 지지하는 우군(友軍) 대열에서 벗어나게 되면, 농업의 장래를 기약하기 어렵고, 농업·농촌의 지속가능성 역시 위협받을 수밖에 없다.

미래 청사진이 보이지 않는다

1993년 우루과이라운드 협상이 타결되어 농산물 시장이 개방되면서, 한국농업 위기론이 본격적으로 제기되기 시작하였다. 농민들은 아스팔트로 쏟아져 나왔고, 확실한 개방 대책의 수립을 강하게 요구했다. 식량안보 등을 이유로 소비자단체 등 국민들도 기꺼이 농민들의 요구에 힘을 보탰다. 정부는 시장개방에 대응하여 농업의 경쟁력 강화와 개방 피해보전을 위한 다양한 농업지원 대책을 발표했다. 그리고 이 대책의 추진을 위하여 막대한 재정 투·융자사업을 시행한다고 강조하고 선전해 왔다. 김영삼 정부의 42조 원(1992~1998) 사업, 김대중 정부의 45조 원(1999~2002) 사업, 노무현 정부의 119조 원(2003~2012) 사업 등 개방 대응 농업·농촌 발전대책 사업 예산이 그것이다. [3]

정부의 농업·농촌 발전대책 사업의 엄호사격을 받으면서 농산물 시장의 문은 점차 더 큰 폭으로 열리기 시작하여 오늘에 이르러 거의 전면개방 시대로 접어들고 있다. 한·중 FTA가 발효되면 이미 발효된 미국, EU 등과의 FTA와는 비교할 수 없을 정도의 전 방위에 걸친 농업 부문 피해가 예상된다고들 한다. 안보상 이유 등 때문에 참여가 불가피해 보이는 미국 주도의 환태평양 경제동반자 협정(TPP)도 여기에 못지않은 피해를 줄 것이라는 우려도 크다. 그럼에도 불구하고 농민들의 반응은 의외로 잠잠하고, 덤덤하기까지 하다. 웬일일까?

이명박 정부 초기의 촛불 사태로까지 번진 한·미 FTA 반대 시위의 허망한 결말에 모두들 넋이 나간 것일까? 농업 위기를 외치는 목소리가 양치기 소년의 철없는 장난처럼 치부되어 모두들 무감각해진 탓일까? 아니면 그동안 발표되었던 정부의 개방 대응 대책이 완벽하게 정책효과를 발휘할 것이라는 기대감이 광범위하게 형성된 때문일까? 이도 저도 아니면 그냥 끝 간 데까지 가보는 수밖에 없지 않느냐는 무기력하고 패배주의적인 정서가 농촌에 만연되어 있기 때문일까?

농산물 전면개방 시대가 바야흐로 열리고 있다. 농산물 수입이 증가하면서 국내 농산물의 내수시장 몫(Share)이 잠식되어 판매가 줄어들고, 농가 교역(交易)조건이 악화되어 실질농업소득이 하락할 수밖에 없는 것이 겉으로 드러나는 대표적인 농업 부문 피해이다. 한국농촌경제연구원의 추정에 의하면, 농산물 판매가격지수는 앞으로 10년간 연평균 0.9%씩 상승하는데(2014년 111.1 → 2024년 122.2), 투입재 구입가격지수는 10년간 연평균 1.26%씩 상승함으로써 농가교역조건이 계속 악화될 것으로 예측되고 있다. 이에 따라서 실질농업소득은 2013년 호당 1003만 원에서 2024년에는 781만 원으로 현재보다 22%가 줄어들 것으로 전망되고 있다(농업전망 2014. 한국농촌경제연구원).

시장개방에 대응하여 한국농업의 밝은 미래를 열기 위한 과제는 그야말로 산적해 있다. 성난 농심을 달래기 위해서 제시된 피해보전 위주의 개방 대응 정부대책의 핵심은 현상유지였다. 현 상태와 비슷한 정도로까지 소득을 보상해 줄 테니까 경제 전체를 위해서 농민들이 양보해달라는 뜻에서 만들어진 대책인 만큼 별 수 없는 일이었다. 그러나 일련의 개방 대응 대책이 선택되는 과정에서 뒷전으로 밀어두었던 근본적인 과제들이 해결되지 않으면, 우리 농업의 밝은 미래를 기대하기 어렵다는 게 문제의 핵심이다.

첫째, 전면적인 시장개방 시대를 헤쳐 나가기 위해서는 우리 농산물의 국제경쟁력이 획기적으로 향상되어야 한다. 이 문제는 모든 개방 대응 대책의 앞자리를 차지해 왔던 과제였지만, 여전히 미해결인 상태로 절벽처럼 우리 앞을 막아서고 있다.

국경이 따로 없는 글로벌 경쟁 시대에서 우리 농산물의 국제경쟁력, 즉 가격경쟁력과 비가격적인 품질과 서비스 경쟁력을 동시적으로 향상시킬 수 있는 효과적인 정책수단이 포함된 개방 대책과 이를 실천할 수 있는 중장기 전략이 농업의 미래 청사진과 함께 우선 제시되어야 한다. 이를 생략한 채 논의되고 있는 ICT, BT 신기술과의 융·복합화를 통한 농업생산의 고도화 추진계획 및 농업 전·후방 산업 간의 가치사슬 연계 강화를 위한 6차산업화 추진계획 등은 농업의 현안 과제인 농가소득을 향상시키기 위한 수많은 정책수단의 나열에 불과할 뿐이다.

전체 숲의 부활보다는 전시효과가 높은 눈앞의 나무 몇 그루 보여주기에 심취해 있는 개방 대책으로 한국농업의 밝은 미래를 과연 열어갈 수 있을 것인가? 더구나 정부의 잦은 개방 대책에 대한 피로감에 젖어있는 농민들이 흔연히 현상대응적인 대책 추진에 합의해 줄 것으로 기대할 수 있겠는가?

둘째, 농업의 성장과 발전을 앞서서 이끌고 나갈 유능한 농업경영 주체의 확보 문제가 여전히 오리무중 상태이다. 농촌 현장에서는 젊은 농업노동력이 계속적으로 줄어들고 있고, 영세경영 상태는 점차 악화되는 방향으로 농가의 양극화가 진행되고 있다. 정부는 6차산업화를 통하여 또는 창조경제를 통하여 농업을 미래성장산업으로 발전시킬 수 있다는 희망찬 메시지를 제시하고 있지만, 막상 농촌 현장에서 누가 이를 맡아서 실현시킬 것인지? 어떻게 대부분의 영세소농가를 이끌어 6차산업과 창조경제의 물결에 합류시킬 것인지? 하는 문제에 대한 속 시원한 실천 방향 제시가 없다. [4]

셋째, 개방으로 피해를 입게 된 농가 소득보전을 위한 직불제 강화 요구와 산업적 피해를 보전하기 위한 무역이득공유제 채택 요구는 여전히 원론적인 찬·반 논의 수준에서 맴돌고 있다.

시장개방 확대에 대응한 농업직불금 제도는 개방으로 피해를 입게 되는 농가의 소득 보조라는 1차적인 정책목표 외에도, 농업의 식량안보와 환경보전 기능 등으로 대표되는 공익적 기능에 대한 사회적 보상이라는 2차적인 정책목표를 가진다. 그러나 우리나라 농업직불제는 가격지지 정책의 축소로 줄어든 농가소득을 보전하기 위한 정책 수단으로 출발하여 직불제의 포용 범위도 제한적이고 직불금 규모도 상대적으로 영세하며, 평균적인 농가를 정책 수혜 대상으로 하고 있는 특징이 있다.

주요 선진국들은 1990년대 후반부터 농가의 소득 하락과 산업간 소득 격차를 보전해주기 위해서 농업직불금 제도를 도입하고 있는데,

　　　　　　　　　　　　| 구원투수로 농업 세워라 |

우리나라의 경우 농가소득 중에서 직불금이 차지하는 비중은 2012
년 현재 4.4%로 일본(7.8%), 미국(20.4%), EU(27.7%)보다 훨씬
낮으며 호당 직불금 규모도 선진국의 1/2~1/4 수준으로 상대적으로
낮은 것이 사실이다(표 1-3).

〈표 1-3〉 주요국의 농가소득 대비 직접지불액의 비중 비교

구분	한국(2012)	미국(2009)	일본(2011)	EU(2010)
농가 수(천호)	1,151	2,200	2,528	10,384
농업소득	9,197천원	–	1,196천¥	–
농가소득	31,301천원	28,267천$[1)]	4,633천¥	13,782€[2)]
직불예산	15,905억원	12,663백만$	9,185억¥	39,676백만€
호당 직불금	1,382천원	5,756천$	363천¥	3,821€[3)]
농업소득 중 직불 비중	15.0%	20.4%	30.4%	27.7%
농가소득 중 직불 비중	4.4%	–	7.8%	–

주 1) 미국은 농장소득임 2) EU는 호당 농업부가가치임 3) EU는 농가 수 대신 농업인 1인당
　　직불금임
자료: 서울대학교 산학협력단, 쌀 소득보전 직접지불제 개선방안 연구, 2014.12

　　무역이득공유제 역시 도입 여부를 두고 최근 몇 년간 지루한 찬반
논쟁만 계속하고 있다. 동시다발적으로 체결되고 있는 일련의 자유
무역협정(FTA)에 의해서 수출산업은 명백한 이익을 보는 반면에, 국
제경쟁력이 약한 농업 부문은 많은 부분에서 피해를 보고 있다는 사
실을 부인하는 사람은 없다. 그러나 농업 부문의 피해에 대한 보상은
그야말로 '언 발에 오줌 누기'에 불과하다. [5)] 이러한 산업간 불공정성
과 정부의 피해보전 시책의 부적절성을 시정하기 위한 수단으로 무역
이득공유제의 채택 필요성이 제기되고 있지만, 찬·반 논의만 무성할

뿐이다.

무역이득공유제를 반대하는 측의 주장은 FTA 발효로 인해 발생한 기업의 추가 이익은 소득세와 법인세 증가 등의 형식으로 국고에 귀속되고 있으므로 이중적인 부담을 수출기업 측이 지게 된다는 점과 FTA로 인해 발생하는 수혜 산업의 무역이익 규모를 산출하여 이를 환수하는 일과 무역이득공유제의 운영수혜 대상을 특정하여 환수된 무역이익을 배분하는 것이 모두 현실적으로 어렵다는 점 등으로 요약된다.

농민단체는 법인세 또는 수출 증가액의 일부를 걷어서 농어촌부흥기금으로 적립하는 방안을 제시하고 있다. 야당에서는 농어촌특별세 징수 범위를 'FTA 체결국과의 수출입 거래'로 확대하거나 FTA 체결국과의 수출입 물품에 FTA 무역세를 부과하는 방안을 제시하고 있다. 그러나 여당에서는 야당의 주장이 이중과세와 FTA협정 위반 소지가 있음을 지적하면서 수혜 기업의 자발적인 기금조성 방안을 제시하고 있다. 이러한 논란의 와중에서도 FTA로 인한 해외 농산물의 수입은 증가하고 있고 해외 농산물의 내수시장 점유율은 매년 높아지고 있다.

해외 농산물의 수입 증가가 유발하고 있는 국내 농업의 피해는 우리 농산물의 수출 증가로 푸는 것이 가장 원인대응적인 처방이 된다. 관세 인하로 잃게 된 농산물 내수시장의 몫(Share)을 수출 신시장 개척으로 상쇄시킬 수 있는 특별한 용도 목적으로 무역이득공유제가 위상을 뚜렷이 하는 것이 바람직하다.

FTA 발효로 수출기업이 관세율 삭감으로 얻게 될 기업이익의 일정률(예컨대, 10%) 상당액을 농산물 수출진흥기금으로 일정기간(예컨대, 10년) 동안 적립하도록 강제하는 제도를 만들자. 이 기금으로 피해를 입고 있는 농업 분야의 농산물 수출 촉진을 위한 인프라 구축(수출전문단지 조성과 공동물류시설 등) 용도로 이용함으로써 수출기업과 농업이 화합, 상생할 수 있는 길을 열 수 있다. 단지 정치권을 비롯한 우리 사회의 지도층이 뜻을 모아 설득력 높은 방안을 찾지 못하고 있을 뿐이다.

전면적인 시장개방 시대에서 우리 농업이 살아남기 위해서는 농산물의 국제경쟁력이 혁신적으로 향상되어야 하고, 이를 담당할 유능한 농업경영주체가 확보되어야 한다. 또한 농업의 불리한 사업수익성을 보완하고, 농업생산의 공공성(公共性)을 지지하기 위한 농업소득 보완시책이 적어도 선진국 수준에 근접하는 정도로 확충되어야 한다. 이러한 핵심적인 내용을 담은 개방 대응 정책이 지속가능한 농업의 미래 청사진과 함께 제시되어, 농업계는 물론 국민적 에너지를 집결할 수 있어야 한다.

시장개방 폭이 날로 확대되고 있는데, 사안별 피해보전 위주의 어정쩡한 대응책만 수시로 발표되고 있을 뿐, 농업의 미래 청사진을 실천할 수 있는 큰 틀의 농정 대책은 희미하기 그지없는 것이 참으로 아쉽고 안타까운 일이다.

chapter 2

저성장의
늪에 빠져들고 있는
대한민국 경제

저성장의
늪에 빠져들고 있는
대한민국 경제

영화 〈국제시장〉의 추억여행

영화 〈국제시장〉은 참 많은 사람들을 같은 공간에 모아 놓고 울리고 웃겼다. "그래! 그때는 그랬었지….."

그렇게 그 모양으로 살 수밖에 없었던 시절이 화면 가득 펼쳐지면서 관객들은 같이 아파하고, 웃고, 안타까워했다. 그때엔 다들 지지리도 못살았다. 모든 게 모자라고 귀했다. 먹을거리도, 입을거리도, 잠자리도 그야말로 형편없었다.

일제로부터의 해방, 그리고 곧 이은 미군에 의한 군정(軍政) 체제하에서 우리 국민들은 왜, 무엇 때문에 싸워야 하는지도 모른 채 그냥 전쟁터로 내몰렸다. 끔찍한 동족상잔의 아비규환 속에서 포탄을 피해서 뒤엉켜 몰려든 피난민 행렬과 양지바른 곳이면 어디든지 자리잡아 널브러진 피난민의 판자촌 등이 그 시절의 우리 모습이었다. 그야말로 살아남기 위한 치열한 생존경쟁 속에서 사람들은 오로지 오늘하루를 굶지 않고 가족과 함께 살아냈다는 사실에 안도하던 시절이 50~60년 전의 바로 〈국제시장〉 시절이었다.

영화 〈국제시장〉 관객 수가 개봉 3개월 만에 1500만 명에 육박하였다고 한다. 놀라운 일이다. 왜 사람들은 이 영화에 열광했는가?

무엇보다도 우리 민족이 겪었던 고난의 현대사를 짧은 시간 동안에 함께 몸으로 느낄 수가 있고, 우리가 누리고 있는 오늘날의 안녕과 번영이 얼마나 소중한지를 새삼 확인할 수가 있었기 때문일 것이다.

고령화된(80세 이상) 6·25 주역 세대들은 이미 많이 유명(幽明)을 달리했지만, 아직도 많은 분들이 살아남아서 고난의 역사를 증언하고 있다. 혹자는 전쟁터에서, 혹자는 피난생활 전선에서, 그리고 전후 복구 과정과 월남 파병 및 해외 근로 현장에서 피와 땀으로 극복했던 아찔한 순간과 질기디질긴 우리 민족의 생명력을 다양한 육성으로 증언하고 있다.

그러나 오늘날의 풍요한 시절을 사는 현재 세대들은 전쟁의 공포와 처참함을 알 턱이 없다. 해마다 봄철이면 보리 익기를 기다리는 춘궁기(春窮期)의 보릿고개가 뭔지, 밀기울로 만든 쑥개떡이 뭔지, 원조 받은 우윳가루로 만든 우유떡이 뭔지, 진정한 가난의 의미와 뱃가죽이 등골에 달라붙는 진정한 배고픔의 허기를 대부분의 현재 세대들은 알 턱이 없다.[6]

그래서 과거 세대와 현재 세대는 대화와 소통이 어렵고 심지어는 단절돼 있다. 한 지붕 아래 같이 살더라도 말이 잘 통하지 않는다. 한 쪽에선 쌀 한 톨, 밥 한 숟가락의 중요성을 강조하지만 다른 한쪽에서는 그것 때문에 부풀어 오른 뱃살을 걱정하면서 살아가고 있기 때문이다.

영화 〈국제시장〉은 세대 간에 현저하게 벌어져 있는 인식의 간극(間隙)을 한꺼번에 줄이는데 크게 기여했다. 그리고 저마다 서 있는 현재의 자리가 있기까지 선대들이 쏟아 부은 피와 땀의 무게를 같이 느끼고 다음 세대에게도 오늘날의 번영을 물려주어야 한다는 점에서 현재의 자리가 얼마나 소중한지를 실감하게 했다.

〈국제시장〉은 두 시간짜리 영화 한 편에 불과하다. 그러나 복지와 증세의 논쟁 속에서 국론이 분열되고 있고 통일 대박론과 핵전쟁의 위협이 크게 엇갈리고 있으며 한국경제가 장기 침체의 늪으로 빠져들고 있는 불안한 환경 속에서 상영되어, 국민들의 나라사랑 공감대 형성에 크게 기여하였다.

내일이 없는 암담한 절망과 전쟁으로 철저히 파괴된 폐허 속에서 일구어 낸 '한강변의 기적', 그것은 지금 생각해도 차라리 꿈과 같은 일이었다. 그 당시의 판자촌에서, 그리고 그 당시의 국제시장에서 오늘날의 풍요한 생활이 자리잡을 수 있으리라고 어찌 꿈에서라도 상상할 수 있는 일이었겠는가?

헝그리(Hungry) 정신으로 똘똘 뭉쳐서 모든 사회적 에너지를 빈곤 극복을 위한 경제 건설에 올인했던 시절이 바로 〈국제시장〉 시절이었다. 정부는 기업에 특혜를 주는 대신에 개인이나 기업보다는 국가를 앞세우는 애국심 경영을 요구했고 기업도 이를 흔쾌히 받아들였다. 이병철 회장의 산업보국(産業輔國) 철학이 오늘의 삼성을 이끌었고 정주영 회장의 도전정신이 현다이(Hyundai)의 기적을 가능하게 했다. 이런 사회적 분위기는 어떤 선진국에서도 찾아보기 어려운 사례였다.

국민소득 100달러 시대가 반세기 만에 3만 달러 시대로 진입하고 있다. 판자촌 대신에 마천루가 빽빽하게 들어섰다. 원조 받은 밀가루와 우윳가루로 연명하던 나라가 이제는 원조 주는 나라로 어느 틈에 자리를 바꾸어 앉았다.[7]

농업 외에는 마땅한 산업이 없었던 지구상의 최빈국이 불과 두 세대 만에 삼성전자나 현대자동차 같은 세계적인 브랜드와 매출액을 자랑하는 세계 초일류 기업을 보유한 나라로 바뀌었다. 세상에서 가장 빠른 속도로 국민경제에 대한 농업 비중을 50%에서 2%로 줄이는 산업화에 성공하였다. 세상에서 가장 빠른 속도로 고속도로를 깔고, 다리를 놓고, 터널을 뚫었다. 국제통화기금(IMF) 체제하의 경제 위기도 2년 만에 제일 먼저 탈출했다. 세계에서 7번째로 20-50클럽에 가입했다. 1인당 GDP 2만 달러와 인구 5000만 명 국가 클럽에 개발도상국으로서는 세계 최초로 당당히 가입한 나라가 되었다. 국가의 경제 규모가 양(量)과 질(質)에서 같이 커졌음을 세계적으로 인정받게 된 것이다.

그뿐인가? 우리의 문화도 이제는 세계 속으로 뻗어가고 있다. 드라

마에서 음악으로 그리고 화장품과 음식으로 전 세계를 감동시키는 한류(韓流)의 물결은 한민족의 자긍심을 세계 속에서 활짝 펼 수 있는 계기와 발판을 제공해주고 있다.

1993년 말, UR협상의 타결로 농산물뿐만 아니라 문화사업도 개방되었다. 당시에 개방 반대를 외치며 농민들만 아스팔트로 쏟아져 나온 게 아니라 유명한 영화배우들도 나왔다. 그들은 문화 개방이 되면 일본의 영화와 가요 등 소위 왜색문화(倭色文化)가 수입되어 한국의 전통문화는 말살될 수밖에 없다는 주장을 펼쳤다. 그리고 그 주장은 정치권과 많은 국민들 사이에 공감대를 형성했다. 그러나 개방 이후 〈겨울연가〉 〈대장금〉 등 한국 TV 드라마와, 소녀시대와 싸이(PSY)가 이끄는 K-pop이 오히려 세계를 휘젓고 있다. 그때 데모하던 연예인들은 오늘날의 한류 전성시대를 감히 꿈속에서라도 상상할 수 있었을까?

부각되고 있는 고속 성장의 뒤안길

한민족의 역사상 오늘날과 같은 번영을 누린 적은 일찍이 없었다. 우랄·알타이 산맥을 떠난 한민족의 조상들은 해 뜨는 동쪽을 향하여 꾸준히 움직이다가 드디어 더 나갈 데가 없는 한반도를 삶의 터로 정하고 유목생활을 접었다. 이 땅은 토질이 기름지고 4계절이 분명해서 농사짓고 살기에 좋았다. 자손들은 번창했고 문화는 융성했다. 그러나 북으로는 대륙 세력과 남으로는 해양 세력의 끊임없는 침탈에 시달렸다. 그래서 이 땅에는 전쟁이 그칠 날이 없었다. 역사 이래 이 땅에서 벌어진 전쟁은 모두 998번이라고 한다. 5000년 역사에 5년마다 한 번씩 전쟁이 일어난 셈이다. 오죽이나 이 땅의 백성들이 불안한 삶을 살았으면 아침 첫 인사말이 "밤새 안녕히 주무셨습니까?"였겠는가? 오죽이나 굶고 살았으면 서로 만나서 나누는 인사말이 "진지 드셨습니까?"였겠는가?

그러나 우리 경제를 앞서서 이끌고 있던 수출이 2015년 들어 9개월 연속적으로 감소하고 있다. 세계 경기 위축과 중국의 성장률 저하와 주가 하락 등 어려워지고 있는 대외 여건이 수출 부진의 직접적 원인이다. 한국경제의 잠재성장률이 3%대로 낮아져서 장기 저성장 기조에 들어서고 있는 가운데 디플레(물가하락 속에서 경기가 침체되는 현상) 우려마저 커지고 있다. 일본이 겪었던 '잃어버린 20년의 터널'을 향해서 본격적으로 들어서고 있는 듯한 불길한 느낌마저 지울 수 없다.

정치권이나 우리 사회의 지도층은 복지와 증세 논의로 우리 사회를 우파와 좌파로 편을 가르는 일에 열중하고 있다. 출산율이 세계 최저 수준으로 떨어지고 있는 가운데 인구 고령화 추세는 더욱 가파르게 진행되고 있다. 청년실업률이 높아지면서 연애, 결혼, 출산을 포기한 3포 세대에 이어 인간관계, 내 집 마련, 희망, 꿈마저 놓아버린 7포 세대까지 등장하고 있다.

'우리만의 방식'으로 우리 식의 사회주의 경제 체제를 고집해 온 북한은 3대 정권 세습으로 폐쇄경제 상태를 유지하면서 체제 유지를 위해서는 민족의 동반침몰을 초래할 수도 있는 핵무기를 만지작거리는 위협도 마다하지 않고 있다. 천안함 피격과 연평도 포격 등 북한의 무모한 도발에도 확전(擴戰)을 피하기 위해 맞대응을 억제하면서 우리 국민은 '햇볕정책' 10년 퍼주기 정책의 허무한 성과를 확인했다. 그렇다고 하더라도 '불벼락'과 '핵성전'을 앞세운 소위 '북한 리스크'로 인한 국민들의 안보불안 심리를 근본적으로 치유할 수 있는 통일 실현의 길은 잘 보이지 않고 있다.

G2의 자리에 올라선 중국의 세력 팽창과 중국의 세력을 대륙에 묶어두기 위한 미국의 대외 전략이 곳곳에서 충돌하면서 한국 외교의 선택도 한층 더 어려워지고 있다.

미국은 일본과 신동맹 관계를 강화하면서 팽창하는 중국의 영향력을 견제하려고 하고 있다. 중국은 한국에 설치하려는 북핵미사일 억제용 미국의 싸드(THAAD; 고고도 미사일방어 체제) 기지에 대한 강한 거부감을 표시하고 있다. 미국 주도의 아시아개발은행(ADB)의 영향력을 훼손시킬 수 있는 중국 주도의 아시아인프라투자은행(AIIB) 가입을 결정하면서 한국이 탈미국(脫美國) 외교를 선택하고 있는 것은 아닌지 미국은 의심의 눈길을 보내고 있다.

미국 편에 서야 할 것인가? 중국 편에 서야 할 것인가?[8]

역사적으로 동아시아에 압도적인 패권국가가 들어서면, 우리나라는 어김없이 그 나라의 속국(屬國)이 되거나 식민지가 되었다. 역사상 한반도에서 일어났던 전쟁의 90%는 중국대륙에 근거를 둔 세력의 외침(外侵)에 의한 것이었다. 그만큼 한반도는 중국과 국경을 맞대고 있으면서, 이해관계에 따라 충돌이 일어날 수밖에 없는 지정학적 특징이 있다. 대륙의 패권 세력과 충돌이 일어나면, 그때 우리는 무엇으로 나라의 독립과 자존, 그리고 국민의 생명과 재산을 지켜낼 것인가?

단군왕검이 개국한 이래, 가장 부유하고 민주적인 나라로 잘 살게된 우리나라의 안보와 경제적 번영을 지켜내기 위해서 우리의 선택은 어떠해야 할 것인가?

우리나라가 겪어왔던 쓰라린 역사를 반추하면 오늘날 우리나라 외교정책의 선택 방향은 오히려 간명해진다. 중국은 한반도에 무력 개입을 통해 제후국의 복종을 강요해 왔다. 7세기 삼국 통일, 16세기 임진왜란, 17세기 병자호란, 19세기 청일전쟁, 20세기 6·25전쟁 등이 대표적 사례다. 현 시점에서 우리는 미국과의 동맹 강화로 이웃하고 있는 중국의 패권화를 견제하는 동시에[9] 중국과의 경제적 협력을 강화함으로써 북한의 도발을 억제하고, 한반도의 전쟁 가능성을 최소화시키면서 북한을 평화적으로 흡수, 통일하는 어려운 연립방정식을 풀어내야 하는 처지에 놓이게 되었다.

중국의 전승절 기념행사(2015. 9. 3.) 때 천안문 성루에서 시진핑 중국 국가주석과 푸틴 러시아 대통령 등과 함께 중국 인민해방군의 열병식을 지켜본 박근혜 대통령에 대한 국민들의 지지도가 높아졌다.

이번 열병식 참석을 못마땅해 하는 미국내 반대 기류를 무릅쓴 박근혜 정부의 뚝심있는 외교정책의 선택에 대해서 국민들도 지지해주고 있다는 사실을 반영한다.

장기 저성장 시대로 빠져들고 있는 한국경제

20여 년간 계속되어 왔던 중국 경제의 높은 성장 추세가 최근들어 빠르게 위축되고 있는 가운데, 중국을 최대 수출시장으로 삼고 있는 한국경제도 저성장의 늪으로 빠져들고 있다는 우려가 점차 커지고 있다.

한국경제는 본격적인 경제개발연대를 거쳤던 지난 30년(1970~2000) 동안에 연평균 7~9%의 고도성장 시대를 경험했다. 그러나 21세기에 들어서면서 한국경제의 성장률은 3%대로 떨어졌고 앞으로는 2%대의 성장률로 더욱 낮아질 것이라는 우려마저 커지고 있다.[10]

한국경제의 잠재성장률[11]은 고도성장기였던 1980~1988년간에는 9.1%였다. 그러나 외환위기를 겪었던 1998년 이후에는 4.7%로 떨어졌고, 2001~2002년간에는 연평균 5.2%로 올라섰으나 2003~2005년에는 내수 부진으로 4.8%로, 그리고 2006~2007에는 4.2%로 떨어졌다. 그리고 세계 경제 위기가 닥친 2008년부터 2013년까지는 3.5%로 떨어졌다. 앞으로도 경기 침체에 따른 투자 부진과 저출산·고령화에 따른 노동투입력 약화 및 신성장동력 부족 등의 원인으로 2014년 현재 3.5%의 잠재성장률이 당분간 계속되다가 인구감소요인이 현재화(顯在化)되면 2%대로 떨어지게 될 것으로 전문가들은 전망하고 있는 것이다.

국회예산정책처에서는 우리나라 경제가 2020년까지는 연간 3.8%의 잠재성장률을 유지할 것이나 그 이후 2026~2030년에는 연평균 2.6%, 2036~2040년에는 연평균 2%, 2046~2050년에는 연평균 1.4% 수준으로 잠재성장률이 하락하게 될 것으로 예측하였다(그림 2-1). 경제의 잠재성장률이 떨어지게 되면 우리 경제도 저성장 추세를 이어갈 수밖에 없다.

〈그림 2-1〉 한국경제의 잠재성장률 예측

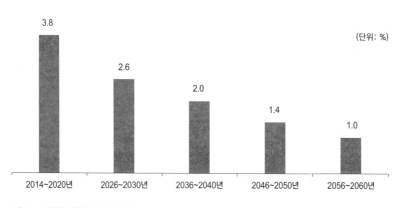

자료: 국회예산정책처, 2014.11

잠재성장률이 급격하게 떨어지는 것을 막기 위해서는 원론적으로 인적자본(Human Capital)의 투입을 증가시키는 동시에 기술 개발 등으로 요소생산성을 높여야 한다.

우리나라는 2014년의 출산율이 1.19명으로 경제협력개발기구(OECD) 가입국(평균 1.7명) 중에서 가장 낮은 초저출산국이 되었다. 전체인구 대비 생산가능인구(15~64세)의 비중(2014년 73.0%)은 출산율 저하에 따라서 점차 떨어져서 2060년에는 마침내 50% 이하 수준(49.7%)에 이르게 된다.

저출산 문제는 이제 발등에 떨어진 불이다. 2014년 우리나라 신생아 수는 43만 5000명으로 2018년부터는 30만 명대로 떨어질 전망이다. 이에 따라 불과 10여 년 뒤에는 아동인구의 감소로 전국 4년제 대학의 1/3이 문을 닫게 된다. 이 뿐인가? 가장 큰 내수시장인 아동용품 시장과 아동 대상 서비스 시장의 위축으로 내수시장의 장기 침체라는 재앙도 불가피해질 전망이다.

저출산과 맞물려 진행되고 있는 고령화 현상은 경제활동인구의 감소에 따른 경제성장률의 감소 외에도 사회경제적 비용 부담 증가를 강요하게 될 것이다. [12]

인구 감소세를 돌려세우기 어렵다면 요소생산성이라도 높아져야 잠재성장률의 위축을 막을 수 있는데 우리나라의 총요소생산성(TFP: Total Factor Productivity)은 1991~2000년간의 0.8%에서 2004~2007년에는 평균 2.4%로 높아졌다가 2008~2013년간에는 평균 1.9%로 다시 낮아졌으며 2014~2018년간에는 평균 1.5%로 더욱 낮아질 전망이다.

총요소생산성을 높이기 위해서는 규제 혁파와 고용제도 개선 등 산업경영의 효율성을 제고시킬 수 있는 효과적인 구조개선 정책이 뒷받침되어야 한다.

그러나 세상이 달라졌다. 절대빈곤 상태를 극복하자는 염원으로 똘똘 뭉쳤던 〈국제시장〉 시절 이후의 경제개발 시대는 이미 전설 속의 일이 되었다. 경제의 고도성장 시대를 거치는 과정에서 산업 간, 지역 간, 계층 간 발전 격차가 현저해졌다. 정치의 민주화가 진행되면서 경제의 민주화 요구도 점차 강해졌다. 이제는 이해 관련 주체들의 원만한 합의가 없이는 아무 일도 제대로 할 수 없는 시대가 열린 것이다. 이에 따라 기득권 세력의 조직적인 반발을 극복해야 할 규제 혁파나 강성 노조의 반발을 무릅쓴 고용제도 개선은 다 같이 어려운 벽에 부딪히고 있다.

특히, 경제적 형평 실현을 요구하는 진보 세력은 분배 우선 위주의 정책 선택을 요구하면서 기업을 중심주체로 하여 성장동력 확보를 조장하기 위한 친시장적 정책에는 사사건건 반대 위주의 움직임을 노골화하고 있어서, 새로운 성장정책 선택에 대한 사회적 합의(Consensus) 형성마저 어려워지고 있다.

이래 저래 한국경제의 잠재성장률은 점진적인 위축의 길을 벗어나기가 어려울 전망이다.

잠재성장률을 어떻게 끌어올릴 것인가?

우리 경제는 충분히 성숙되지 않았다. 비록 몇 개 산업 분야에서 세계 초일류 기업을 배출하고는 있지만 농업 등 전통산업과 현대적 산업 부문 간의, 그리고 대기업과 중소기업 및 영세기업 간의 상생적 발전 체계도 채 갖추어지지 않았다. 물론 대다수의 빈자(貧

者) 계층을 위한 사회적 안전망도 턱없이 부족하다. 그러므로 우리 경제는 앞으로도 상당기간 동안 고도성장 추세를 유지할 수 있어야 한다. 성장으로 일군 부(富)의 일부분을 재원으로 하여 모범적인 복지국가 기반을 갖춰가야 하기 때문이다. 이것이 박근혜 정부의 증세 없는 복지 강화 정책의 핵심이다. 그러므로 문제는 결국 성장이다.

어떻게 한국경제의 위축 추세를 성장으로 반전시킬 것인가? 우리 경제의 잠재성장률은 생산가능인구의 감소[13]와 요소생산성 침체 등 두 가지 절벽에 가로막혀 점차 떨어지고 있다.

생산가능인구 감소 효과는 바로 소비 위축 등 내수 침체로 이어지게 된다. 따라서 수출 호조 분위기가 이어진다고 하더라도 내수 침체 때문에 성장은 지속적으로 둔화되는 것이 불가피하다. 그러나 최대 수출국인 중국 경제의 침체가 가속화되고, 글로벌 경기 침체 현상이 이어지고 있어서 예전같은 수출 호조 분위기를 기대하기는 어려운 것이 현실이다.

내수 침체 현상을 뒷받침하고 있는 또 다른 경제지표는 증가하고 있는 가계부채 문제이다. 가계부채는 2007년 총 600조 원을 돌파한 이래 지속적으로 증가하여 2015년에는 1100조 원을 돌파했다. 이러한 가계부채 규모는 국내총생산 대비 73%로 위험 수준에 이르고 있다.[14]

문제는 대출자의 70%가 이자만 내고 원금은 만기 때마다 새로운 대출을 받아서 돌려막기를 하고 있다는 점이다. 이런 처지에서 어찌 내수 소비가 활성화되겠는가? 만약 미국의 금리가 인상되면, 우리나라도 외화 유출을 막기 위해서 금리를 인상할 수밖에 없는데, 이로 인해 가계대출자는 '이자폭탄'을 맞게 될 것이므로 결국 내수 침체는 계속될 수밖에 없을 전망이다.

무엇보다 출산율을 획기적으로 향상시킬 수 있는 다양한 정책수단이 강구되어야 한다. 그러나 출산율의 제고(提高)가 단기간에 실현되기 어렵다면 여성 경제활동률을 높이고 이민법 완화를 통한 해외 인력 공급 확대로 생산가능인구를 늘려서 잠재성장률을 확충할 수밖에 없다는 주장도 과감하게 수용해야 한다.

현재의 50% 수준에 머물고 있는 여성의 경제활동 참가율을 획기적으로 늘리기 위해서는 노동시장에서의 여성 차별을 근본적으로 완화시킴으로써 국제기준으로 최하위권에 속하고 있는 소위 '유리천장지수'를 획기적으로 개선해야 한다. 또한 한꺼번에 많은 외국 인력을 받아들일 경우의 부작용을 피하기 위하여 초기에는 외국 인력을 연간 10만 명씩으로 받아들이되 점차 그 수를 20만~30만 명으로 확대하여 노동 공급 감소에 따른 생산 및 소비 감소의 부정적인 영향을 감소시켜야 한다.

저출산·고령화에 대한 중장기 대책에는 우리나라의 다소 폐쇄적인 이민 정책에 대한 전면적인 재검토가 필요하다.

출산율이 1.88명으로 비교적 높은 수준을 유지하고 있는 미국은 개방적인 이민 정책을 통하여 사회적 역동성을 유지하고 있다. 그렇다고 하더라도 노동력 부족 현상을 해결하기 위해서 이민자를 비교적 자유롭게 받아들이는 톨레랑스(관용)의 나라 프랑스처럼 대규모의 이민 허용 확대가 실업과 빈곤층을 양산하는 동기를 제공하는 것도 경계해야 한다. 프랑스는 매년 200만 명의 합법적인 이민자를 받아들이고 있는데, 이들 때문에 800만 명의 실업자와 1000만 명의 빈곤층이 생겨났다는 반성이 사회 일각에서 최근에 크게 일고 있음을 눈여겨 보아야 한다.

총요소생산성을 향상시키기 위해서는 기술 혁신과 생산구조 개선을 위한 투자 확대가 이루어져야 한다.

산업혁명이 일어나기 전(0~1700)까지의 세계 경제성장률은 연간 평균 0.1% 이하였다고 한다. 그러나 산업혁명 이후 현재(1700~2012)까지의 세계 경제성장률은 1.6%로 비약적으로 빠른 성장률을 기록했다.[15] 증기기관의 발명으로 대표되는 기술 혁신으로 시작된 산업혁명이 지구촌 경제의 요소생산성을 향상시켜 1인당 생산성을 높였고 이것이 다시 부양인구 수를 증가시켜서 인구증가 현상을 유발함으로써 세계 경제성장률을 보다 빠르게 향상시키게 된 것이다. 삼성전자의 성공 신화도 불황기에 처해서 시행한 과감한 R&D 투자에 의한 신상품, 신시장 개척의 결과로 이룩되었음은 누구나 인정하는 일이다.

그러므로 규제 완화를 비롯한 제도 개선을 통하여 기술 혁신을 위한 투자 확대와 함께 생산구조를 개선(Reengineering)하기 위한 투자 확대가 이루어져야 총요소생산성 향상을 기대할 수 있다.

먼저, 경쟁에서 뒤처지지 않기 위한 신산업과 미래 기술에 대한 투자 확대가 필요하다.

바야흐로 스마트(Smart) 시대가 열리고 있다. 좀 더 똑똑한 기기와 서비스를 만들어 내기 위한 투자, 즉 보다 똑똑해진 소비자 지향적인 신산업 경쟁에서 뒤처지지 않기 위한 R&D 투자가 강화되어야 한다.

다음으로, 뒤처지고 있는 산업의 전략적 가치를 활용하기 위한 목적으로, 특히 농식품 산업의 R&D와 구조개선 투자 강화에 민간과 정부가 힘을 모아야 한다.

식품 R&D 투자액이 매출액 중에서 차지하는 비율은 0.7~0.8%로 제조업의 그것(2.6~2.9%)의 1/3 수준에 불과하다고 한다(국가과학기술위원회).

세계적으로 빠르게 성장하고 있는 기능성 식품 시장을 선점하기 위한 생물공학적 기술(BT)의 개발과 생물소재(Biomass)를 활용하는 에너지 및 공업소재 개발을 위한 R&D 투자를 강화해야 한다. 특히 세계인의 관심을 모으고 있는 전통발효식품 그리고 한식의 세계화와 관련해서는 생산 및 유통의 혁신을 위한 R&D 투자를 확대함으로써 한국 농식품(K-food)을 차별화해야 한다.

무엇보다도 한국의 지정학적인 입지의 유리성을 활용하여 한국의 농식품 산업을 동북아 식품유통 허브(Hub)로 발전시켜 나가기 위해서는 국제경쟁력 향상을 목적으로 하는 농업자원 이용구조의 혁신(Reengineering)을 위한 투자를 확대해야 한다.

　농업이 되살아나야 식량안보 기능도 유지될 수 있고 국토와 환경보전 기능 등 농업의 공익적 기능도 유지될 수 있다.

chapter 3

한국경제의
딜레마

한국경제의
딜레마

성장이냐? 복지 확대냐?

2014년 세계적인 불평등 논쟁을 촉발한 '21세기 자본'의 저자 피케티(Thomas Piketty)는 부의 불평등을 감소시키기 위하여 소득과 자산에 대한 누진적 과세의 강화 필요성을 역설하고 있다.

피케티에 의하면 부(富)의 불평등이 확대재생산되는 원인은 자본수익률(r)이 경제성장률(g)보다 높기 때문에 자산을 많이 보유한 부자의 자본소득은 갈수록 늘어나서, 경제성장률과 비슷한 수준으로 증가하게 되는 임금소득자와의 소득 격차는 갈수록 커질 수밖에 없다는 것이다. 또한 자본소득의 증가는 부의 세습(상속)에 의해서도 유발되며 최근에는 근로소득의 불평등 현상마저 심해지고 있어서 소득 불평등 문제가 현대 자본주의 사회의 위기를 초래하는 중요한 요인이 되고 있다는 것이다. [16)]

부의 불평등을 감소시키기 위해서는 정부가 이를 위한 일정한 역할을 수행해야 하며 그 방안으로 소득과 자산에 대한 90%를 넘나드는 높은 누진적 과세를 확대하고 이를 재원으로 사회적 안전망(安全網)을 확충해야 한다고 피케티는 제안하고 있다.

그러나 불평등이 다소간 심화되고 있다 하더라도, 이는 수명 연장 (고령화)과 여성의 사회 진출 확대 그리고 1인가구의 증가 등 사회 발전에 따라 발생하고 있는 다양한 선택의 결과 때문이지, 자본주의와 시장경제의 실패나 저주 때문에 초래된 현상은 아니라는 주류 경제학계의 주장도 새겨봐야 한다.

공산주의 국가의 평등을 우선시하는 사회주의 실험이 줄줄이 실패한 20세기 인류사는 우리에게 웅변으로 묻고 있다.

가난하면서도 보다 평등한 사회와 그리고 부자가 될 기회가 열려 있는 불평등한 사회 중에서 어느 쪽을 국민들은 더 많이 선택할 것인가를 냉철하게 생각해 봐야 한다.

한국은 특히 산업사회가 성숙되지 않았기 때문에 경제민주화 등 막연한 평등주의가 너무나 쉽게 정치구호화하고 선거의 쟁점이 되는 경향이 있다. 이에 따라 소득 불평등 문제와 이를 해결하는 방안을 두고 진보와 보수 양 진영으로 나뉘어져 날카롭게 대립하는 양태마저 보이고 있다.[17] 서민을 지원하고 소외 계층을 보듬는 소위 경제민주화 정책으로 표를 구걸하겠다는 정치권의 포퓰리즘적인 광풍이 최근 몇 차례의 선거판을 휩쓸면서 우리 사회는 무상급식 등 보편적 복지의 확대와 이를 뒷받침하기 위한 증세 문제로 끝없는 논란의 늪에서 헤어나질 못하고 있다. 정치권에서는 전 국민을 대상으로 하는 보편적 복지 확대 정책을 통하여 경제민주화를 계속 추구할 것이냐, 아니면 선 성장, 후 분배의 기존 정책 기조를 유지하면서 부자 계층을 복지정책 대상에서 제외하는 선별적 복지정책으로 전환할 것이냐 하는 문제로 끝없는 논쟁을 벌이고 있다.

  그러나 분명한 것은 현재 추세로 복지를 계속 확대해 나가다가는 엄청난 재정적자로 인한 국가채무를 미래 세대의 부담으로 넘기게 될 수밖에 없다는 점이다.

  1990년부터 2014년까지 우리나라의 국내총생산(GDP)에서 공공적 사회지출액이 차지하는 비율은 3%에서 10.4%로 급증했는데, 경제협력개발기구(OECD) 국가들은 같은 기간 동안에 17%에서 21%로 서서히 증가했다. 현재의 증가 추세가 계속될 경우 한국의 공공적 사회지출액은 앞으로 15~20년 사이에 선진국 수준에 이를 것으로 전망된다. 그러나 한국은 복지정책 시행의 역사가 짧기 때문에 가장 복지지출 비중이 높은 국민연금 수급자가 15~20년 이후 본격적으로 나올 전망이다. 그때에 가서는 과다한 복지지출 때문에 남유럽 국가들처럼 재정파탄의 위기로 내몰릴 수도 있다는 것이 큰 부담인 것이다.

  그러나 우리 사회의 소득 양극화 현상은 심각하게 확대되고 있다. 하위 소득 계층의 계층 탈출을 돕기 위한 기회의 사다리와 사회안전망이 턱없이 부족한 것도 사실이다. 출산율 저하와 고령화 현상으로 날로 커지고 있는 경제활동인구의 부양인구 부담을 줄여주기 위한 미래 지향적 국가적 시책도 잘 보이지 않는다. OECD 국가 중에서 출산율은 가장 낮고 자살률은 가장 높은 최악의 순위를 기록하고 있다는 점에 대처하기 위해서라도 정부가 사회안전망을 적극 강화하는 것은 맞다.

그렇다고 해서 복지재원 확보를 위해서 법인세율을 인상하는 것은 전혀 바람직하지 못한 선택이다. 그러나 법인세 인상을 부자 증세로 인식시켜서 가난한 자의 표를 얻겠다는 정치권의 얄팍한 행태는 선거철마다 더욱 기승을 부리고 있는 것이 안타까운 현실이다.[18]

법인세를 올리면 법인소득이 줄어들어 기업은 투자를 줄일 수밖에 없다. 이에 따라 고용과 노동소득도 줄어들게 되고 궁극적으로 기업은 법인세율이 보다 낮은 지역을 찾아서 기업의 해외 이전을 추진하게 된다. 그러므로 법인세는 개방화된 세계 경쟁 체제하에서 국가 간에 서로 세율을 낮추기 위해서 경쟁하는 세금이 되고 있다. 법인세는 기업이 부담하지만 궁극적으로는 국민에게 그 영향이 전가된다는 점을 알아야 한다. 기업이 추가로 지게 된 법인세 부담은 제품 가격의 상승이나 근로자 임금 또는 신사업을 위한 투자 재원의 삭감으로 전가되기 때문이다. 막대한 국가부채로 시달리고 있는 일본 아베 총리도 법인세 인하를 추진하고 있고 형평을 강조하고 있는 미국 오바마 대통령도 법인세를 인하하고 있다. 재정 위기에 처하고 있는 남유럽 국가들조차 복지 재원 마련을 위해서 법인세 인상을 들먹이진 않는다. 개방경제 시대의 국가경쟁력은 결국 법인(기업)들의 경쟁력에 달

| 구원투수로 농업 세워라 |

려있음을 잘 알고 있기 때문이다.

한국경제는 '불평등의 해소' 문제뿐만 아니라 '꺼져가는 성장엔진' 문제에 발목이 잡혀있다. 자본에 대한 중과세(重課稅)를 통하여 형평 실현에 나서는 것도 필요하지만 자본을 이용해서 새로운 부(富)를 창출하려는 기업가 정신을 북돋움으로써 새로운 성장동력을 발굴하는 것이 더욱 필요한 시점이기도 하다. 부자와 빈자, 현재 세대와 미래 세대 등 이 땅의 모든 이들이 보다 잘사는 나라를 만들기 위해서 '한국경제호'의 선택은 어떠해야 하는가?

이제는 복지정책의 틀을 새로 짜야 한다. 증세(增稅)는 불황기에 처한 현재 세대들이 감당하기 너무 어렵고 무상복지 등 보편적 복지는 미래 세대들에게 감당하기 어려운 무거운 짐을 넘기는 결과를 낳는다. 그러므로 무차별한 보편적 복지에서 선별적 복지로 복지 정책의 기본 틀부터 먼저 바꾸어야 한다. 복지 재원의 확대를 위해서는 비과세·감면의 대대적인 축소와 지하경제의 양성화[19]에 정부의 노력을 집중시켜야 한다.

일자리 확대와 상충되는 증세는 마지막 수단으로 검토하는 것이 올바른 순서다. 증세도 경기 흐름을 잘 타야 한다. 지금처럼 경기가 불황의 늪 속으로 빠져들고 있다는 우려가 있을 때, 증세는 경제를 더욱 악화시킬 수가 있다. 왜냐하면 경기 불황 시에는 정부지출을 늘리고 금리를 인하하며 세금 부담을 낮추는 등의 경기 확장 정책을 선택하는 것이 자본주의 재정, 통화 정책의 역사적인 성공 경험이기 때문이다.

무엇보다 성장이 우선이다. 지속적인 성장의 바탕 위에서 증세를 검토해야 한다. 성장 없는 복지 강화의 폐해가 현저해지고 있다. 3년 연속 계속된 세수(稅收) 부족은 2014년에는 11조 원에 이르렀다. 경기 침체로 기업 매출 신장률과 고용 신장률이 정체되고 있다. 이에 따라 청년실업 숫자도 매년 사상최고치를 경신하고 있다. 유권자의 반발 때문에 세금을 올리지도 못하고 이미 시작한 복지를 물리지도 못한다면 남은 선택은 빚을 지는 길뿐이다. 정부는 2014년에 27조 7000억 원의 적자 국채를 발행한데 이어 2015년에는 이보다 23% 많은 34조 2000억 원의 적자 국채를 추가로 발행할 계획이다.

소위 '부자 증세'를 통해서 또는 '경기만 풀리면' 다 해결될 수 있다는 식의 포퓰리즘적 정책은 결국 '빚더미 대한민국'을 만들 수밖에 없다. 그리고 그 대가는 우리의 아들딸이, 그리고 아직 태어나지도 않은 미래 세대들이 치르게 될 수밖에 없다는 점에 유의해야 한다. '저세금·고복지' 노선에 집착해온 결과 나라 살림이 결딴난 그리스 등 남유럽의 행로로 들어서고 있는 정치권의 포퓰리즘 추구적인 발길을 돌려세우기 위해서는 국민들이 나서야 한다. 표(票)퓰리즘적인 정책을 내세우고 표를 구걸하는 정치인을 정치권에서 몰아내는 수밖에 다른 길이 없다.

복지는 공짜가 아니다. 국민이 공동구매하는 보험상품이라야 성공할 수 있다. 전체 근로자의 31%(512만 명)가 세금 한 푼도 내지 않고 있으며 자영업자의 21%(92만 명)가 세금을 면제받는 현실부터 바로잡은 후에 복지 강화를 시도하는 것이 정치권에 주어진 현안 과제이다. 불공평한 세금 부담에 대한 갈수록 커지고 있는 불만 속에서 공짜 복지가 설 자리는 점차 좁아지고 있다. 특히 무상급식처럼 보편적 복지를 시도하더라도 가난한 자를 우선적으로 지원하는 등 지원 대상을 차별화하는 것이 형평 실현을 위한 복지 정책의 큰 뜻 실현에 적합하다.

이미 무책임한 복지 공약이 정치권에 의해서 쏟아져 나와 있는 상황이다. 그러므로 이를 간추리고 전략적으로 우선순위를 정하면서 복지 재원 확보 방안을 논의할 수 있는 사회적 논의기구라도 먼저 만들어야 한다. 이 논의기구가 제시한 한국 복지정책의 로드맵에 대한 사회적 공감대를 확산시키면서 복지를 점차 확대해 나가는 것이 가장 올바른 접근 방법이다.

인적자본(Human capital)의 경쟁력마저 떨어지고 있다

대륙 세력과 해양 세력이 마주치는 접점(接點)에 위치한 불안하기 이를 데 없는 대한민국의 지정학(地政學)적인 위치는 주어진 어쩔 수 없는 숙명이라 하자. 그 속에서 변변히 내세울 것 없는 너무나 빈약한 부존자원 역시 주어진 우리의 숙명이라 하자. 오로지 불굴의 도전정신 하나로 중첩된 장애와 난관을 극복하면서 산업화와 민주화의 간절한 꿈을 이만큼이라도 이룩한 한국경제의 고속성장을 가능케한 힘의 원천은 무엇이겠는가?

그것은 사람이었다. '5000년 묵은 가난, 5년 안에 벗어나자'란 구호 아래 똘똘 뭉친 우리 민족의 강력하고 처절한 경제하려는 의지(Will to economize)였다.

국민소득 100달러 시대에서 불과 두 세대(60년) 만에 3만 달러 시대로까지 진입하게 된 한국의 경제성장은 세계 경제 발전사에서도 유례를 찾기 어려운 일로 널리 인정되고 있다.

서구와 같이 산업근대화의 밑거름으로 쓰일 봉건귀족사회에서 축적된 부(富)가 애시당초 없었다. 양반사회를 지탱해 왔던 지대(rent)마저 일제 강점기를 거쳐 공산주의와의 전쟁 과정에서 시행된 농지개혁으로 휴지조각으로 변해서 힘을 잃었다. 말하자면 경제성장의 종잣돈(Seed money) 구실을 할 세습된 자본의 존재감이 거의 없는 황무지에서 오늘날의 한국 자본주의 경제가 탄생했으며 초고속 성장을 거듭하면서 오늘에 이르고 있는 것이다. 그래서 사람들은 이를 두고 '한강변의 기적'이라 한다.

한강변의 기적은 주어진 물적자본(Physical capital)의 빈곤 대신에 높은 교육열에 기반한 교육 투자가 인적자본(Human capital)의 경쟁력을 지속적으로 향상시켰기 때문에 이루어질 수 있었다는 점에 많은 전문가들이 동의하고 있다.

그런데 우리 경제의 고속 성장을 이끌어왔던 인적자본의 경쟁력이 최근 들어서 크게 떨어지면서 한국경제의 잠재성장률도 같이 떨어지고 있다.

저출산과 고령화가 빠르게 진행되고 있는 가운데, 경기 침체와 디플레이션의 압박 속에서 청년실업자 수는 2015년 들어서 100만 명을 넘어섰고 청년실업률 역시 11% 수준을 넘어섰다. 그러나 높은 청년실업률에도 불구하고 중소 내지 영세기업들은 하나같이 심각한 인력부족 현상을 호소하고 있다. 농업 부문 등 소위 3D 업종에서는 노동력 확보를 위해 외국 인력 확보에 혈안이 되는 일마저 벌어지고 있다.

높아지는 실업률이 드러내고 있는 취업난(就業難) 속에서 늘어가는 취업 인력 부족 현상을 어떻게 해석해야 할 것인가?

밥만 먹여주면 어떤 일이라도 하겠다는 〈국제시장〉 시절은 이미 지나간 옛날 일이라고 하자. 노동 강도에 비해서 임금 수준이 상대적으로 낮은 중소기업이나 3D업종 일자리를 기피하는 청년들의 일자리 선호 풍조는 어쩌면 당연한 일이라고 인정하자. 그렇다고 하더라도 우리 사회 정치권의 직무유기는 너무나 심각하다. 임금 피크제나 저성과자 해고 등 '일자리 나누기'를 완강하게 거부하는 노동시장의 경직성을 완화시키기 위한 정치권의 조정 역할이 거의 실종되고 있기 때문이다. 산업 현장에서 요구하는 노동수요와 청년들이 제공하고자 하는 노동공급 조건 사이에 존재하는 괴리를 메워주기 위한 노동시장 개혁 문제나 경쟁제한을 완화시키기 위한 규제 혁파 문제가 귀족노조[20]를 비롯한 기득권층의 반발로 제자리걸음을 하고 있는 것은 목전의 선거만 중시하는 정치권의 사명감 부족 때문이다.

영국, 프랑스, 스페인 등 전통적으로 노동계의 목소리가 강한 유럽 나라들도 실업난과 경제 침체를 버티지 못하고 노동 개혁을 통한 경제체질 개선에 적극 나서고 있다. 세계경제포럼(WEF)의 2014년도 세계경쟁력보고서에 의하면 한국의 노동시장 효율성 순위는 144국 중에서 86위였다. 특히 노사간 협력 분야 순위는 132위로 꼴찌 수준에서 맴돌았다. 소수의 정규직을 과보호(過保護)하는 대신에 다수의 비정규직에 대한 열악한 처우 개선은 외면하고 있는 우리 노동시장의 이중구조를 깨지 않고서는 경제의 체질 개선은 공염불일 뿐이다. 이러한 인적 경쟁력을 보유한 경제 체질을 개혁하지 않고서는 경제 침체에서 쉽게 벗어나기를 기대하긴 어렵다.

가장 심각한 문제는 우리 국민의 창업 및 기업가 정신마저 바닥으로 떨어지고 있다는 점이다.

한국, 중국, 일본의 3국 국민을 대상으로 한 최근의 조사(2015.2.)에서 "창업에 도전해볼 만하다"라는 응답 비율이 한국에서는 4.9%였는데, 일본과 중국에서는 각각 8%와 29%로 우리보다 몇 배씩 높았다는 것이다. 한국경제의 성장을 이끌어 온 우리 국민의 도전정신마저 쇠퇴하고 있다는 것이 가장 큰 문제인 것이다.

돈이 돈을 낳는 자본 증식(增殖) 시스템이 고장났다

경기 침체 속의 물가 하락이 지속되는 상황에서 사람들은 장기 불황을 걱정하면서 선제적으로 행동하고 있다. 기업이든 개인이

| 구원투수로 농업 세워라 |

든 투자와 소비를 줄이고 있다. 예컨대, 집을 사두었다가 집값이 반 토막 나면 투자금의 절반을 잃게 된다. 그러니 사람들이 집을 살 리 가 없다. 마찬가지로 기업들이 투자에 나설 리가 없다. 투자 심리가 꽁꽁 얼어붙고 있다. 대기업들은 막대한 사내유보금을 쌓아둔 채 최 소한의 투자로 주변을 잔뜩 경계하고 있다. 미국, 일본, EU 등 선진 국들은 금리를 내리고 중앙은행 금고를 활짝 열면서 돈을 무한대로 살포하고 있지만 기업들의 투자 부진으로 그 돈이 대부분 중앙은행 으로 되돌아가는 일마저 벌어지고 있다.

　자본주의는 돈이 돈을 낳는 체제다. 투자를 하면 이익이 생기고 이 익금을 재투자해서 다시 더 큰 이익을 만들어내는 과정에서 자본주의 는 성장해 왔다. 그런데 돈이 돈을 만들어내는 자본주의 시스템이 고 장났다. 돈은 흘러넘치는데 달리 투자할 데가 마땅치 않은 시대가 온 것이다. 세계 모든 나라의 은행이나 금융회사들이 돈을 투자할 데를 찾지 못하는 생각하기 어려운 일이 경쟁적으로 일어나고 있다.

　가장 무서운 일은 자본주의에 대한 믿음이 사라지고 있다는 점이 다. 동인도회사 주주들은 1602년에 지구상에 첫 번째 주식회사를 세 웠다. 주식회사는 이익을 내고 그 이익금은 또 다른 파생기업을 만들 어서 새로운 이익을 창출했다. 동인도회사의 후예로 설립된 수많은 주식회사 중에서는 자금난을 겪고 도산하는 경우도 없지 않았다. 그 러나 사람들은 주식회사의 돈 만들기 과정에서 더 좋고 윤택한 삶을 살 수 있었다. 사람들은 돈이 지배하는 화폐기반 사회가 영원히 팽창

할 것이라고 믿었다. 자본의 무한팽창 속에서 물질문명의 눈부신 발전이 이루어졌다. 그러다가 2008년 자본주의의 심장이라고 여겼던 뉴욕의 월스트리트에서 금융 위기가 발생하면서 자본주의 사회의 장래에 대한 회의감이 자리잡기 시작하였다. 99%의 빈자(貧者)의 아픔 위에 펼쳐진 1%의 부자(富者)의 영광을 실현하는 소위 신자유주의적 자본주의에 대한 비판이 불평등 해소 요구로 유행병처럼 확산되었다. 이 와중에 자본의 불공정한 증식 과정이 크게 비난받았다.

금융 위기 이후 세계 경제는 동반 침체의 길로 들어서고 있다. 소비 침체와 물가 하락 속에서 투자 부진이 겹쳐져서 유발되는 경기 침체에 대응하기 위해서 세계 각국은 금리 인하와 중앙은행의 화폐 무한 공급 정책을 경쟁적으로 펼치고 있다. 자본주의 탄생 이래 최초의 현상이 벌어지고 있는 것이다.

밖에서는 미국, EU, 일본 등 강대국들이 경기 침체를 벗어나기 위하여 소위 '양적완화'란 이름으로 돈을 무한정 찍어 풀고 있다. 우리나라도 금리를 내리고 돈을 풀고 있다. 그러나 돈이 많이 풀렸다고 하더라도 돈이 새로운 돈을 만들어내지 못하는 시대하에서는 돈을 쌓아둘 수밖에 없다. 우리나라의 10대 재벌그룹 96개 상장계열사의 2014년도 현재 사내유보금[21]은 총 516조 원으로 최근 5년간 연평균 49조 원씩 증가하고 있다.

자본주의 역사상 처음으로 마주치는 자본의 힘이 무력해지고 있는 오늘날 자본주의의 위기에 어떻게 대처할 것인가? 돈이 돈을 만들어 내지 못하는 자본주의의 위기를 어떻게 극복할 것인가?

우리 경제의 어느 부문에 투자하는 것이 자본투자의 수익성을 높이고, 경제적 파급효과를 극대화시키는 길인가?

어디에서 새로운 우리 경제의 성장동력을 발굴해 낼 것인가? 이를 통하여 오늘보다 내일이 더 잘될 것이라는 믿음을 경제주체들에게, 특히 우리 젊은이들에게 어떻게 심어서 도전하려는 기업가 정신을 되살릴 것인가?

제도 혁신은 제자리걸음만 계속하고 있다

한국경제의 성장 엔진이 추동력(推動力)을 잃고 있다. 한국경제성장의 견인차 노릇을 해 왔던 수출이 급속히 줄어들고 있다. 2015년 들어서 수출 하락세가 가시화되면서 수출 감소가 구조적인 추세로 점차 굳어지는 형국이다. 반도체와 무선통신기기를 뺀 석유화학, 자동차, 철강, 조선 등 주력 수출산업의 위축이 계속되고 있기 때문이다.

정부는 세계 교역 둔화와 저유가, 엔저, 수출단가 하락 등 대외 여건 탓으로 돌리고 있지만 근본 원인은 내부에도 있다. 중국 등 후발국들의 추격이 거센데도 한국의 주력 수출품목은 10년째 그대로이고 정부가 육성하는 국가전략기술 120개 중에서 세계 1등은 하나도 없지 않은가?

이대로 밀려서 기존 시장을 지키지 못하고 미래 기술도 확보하지 못한다면 수출의 앞날은 암담할 뿐이다. 경제성장률은 2011년 이후 3%대를 맴돌고 있으며 금년(2015)에는 2%대로 추락하게 될 것으로 전망하는 의견이 우세하다. 한국경제가 선진국의 진입 문턱에서 저출산과 고령화에 의한 경제의 활력 저하와 디플레이션(Deflation)의 덫에 걸려서 유로존(Euro-zone)이나 일본 경제와 유사한 저성장의 늪으로 빠져들고 있다. 여기에다 소득 불평등 해소를 위한 '토마 피케티'류의 차별적 증세 등 소위 좌파적 처방 요구가 점차 강해지면서 경기 회복의 필수 요소인 기업들의 투자 의지마저 싸늘해지고 있다.

빠르게 증가하고 있는 과다한 복지지출이 초래한 세수 결함(2014년 11조 원)으로 정부투자사업마저 위축되는 통에 청년실업률은 사상 최고 수준을 매년 경신하고 있다. 일자리 없는 청년들이 결혼해서 아이 낳아 기를 생각조차 아예 포기함에 따라 2014년 출산율은 세계 최저 수준에 이르렀고 이에 따라 생산가능인구의 절대적 감소도 몇 년 안에 현실화될 전망이다.

돈이 돈을 만들어내는 자본주의 시스템의 약화 위에 증세(增稅) 요구까지 가세함에 따라 자본투자를 통하여 새로운 부(富)를 창출하려는 기업가 정신마저 미약해지고 있는 것이다.

경제가 부닥치고 있는 어려움은 정치권이 나서서 풀어야 한다. 노동개혁, 금융개혁, 연금개혁, 규제개혁 등 경제성장과 고용 확대를 저해하는 제도 혁신을 정치권이 앞장서서 해결해나가야 한다. 그러나

| 구원투수로 농업 세워라 |

정치권은 다음 선거에 대비하기 위하여 소위 포퓰리즘(Populism)적인 인기영합적 시책 개발에만 매달리고 있어서 경제 문제를 더욱 어렵게 만들고 있다.

예컨대, 정치권과 정부가 일자리 창출과 근로소득 보장을 위해 내놓은 최저임금제, 비정규직보호제, 파견근로자보호법 등 이른바 '서민지원 3대 정책'은 서민들로부터 양질의 일자리를 오히려 빼앗는 역설적인 결과를 낳고 있다.

저소득층을 지원한다는 명분으로 1988년에 도입된 최저임금은 매년 인상되고 있지만, 최저임금도 받지 못하는 단기근로 일자리가 갈수록 늘어나고 있다.

비정규직 보호를 위하여 2008년에 도입한 기간제근로자(비정규직) 보호법으로 인해서 2009년 이후 2014년까지 계약기간 2년 미만의 불안정한 일자리가 10만 341개로 늘어났다. 2년 이상 근무한 비정규직을 정규직으로 전환하도록 강제한 결과 기업들이 2년이 되기 전에 비정규직의 계약을 대거 해지하고 있기 때문이다.

파견근로자에 대한 차별대우를 개선하기 위해서 1999년에 도입한 파견근로자보호법 때문에 파견 기간이 최대 2년인 안정적인 근로자 일자리는 2005년부터 2014년까지 10년간 7만 2000개 줄어들었다. 기업들이 파견근로자를 줄이는 대신에 초단기 계약직 근로자 고용을 늘렸기 때문이다.

경제적 약자를 보호하겠다는 명분으로 도입된 인기영합적 포퓰리즘 정책들의 실패 사례에도 불구하고 시장원리를 거스르는 인기영합적인 정책들이 줄줄이 제기되고 있다.

경제 내적 요인의 변화와 함께 외부적 환경 변화도 빠르게 진행되고 있다. 자유무역협정(FTA)의 확산으로 전 세계가 하나의 시장으로 통합되는 시장환경 변화가 빠르게 진행되고 있다. 전 세계 기업과의 무한경쟁 속에서 우리 기업들이 경쟁력을 확보하기 위해서는 노동생산성 향상을 위한 노동시장 구조 혁신과 기업에 전문기술인력을 공급하기 위한 교육제도 혁신 및 신성장동력 확보를 위한 기술개발(R&D)투자제도의 혁신, 그리고 구시대적인 다양한 규제 혁신 등이 뒷받침되어야 한다. 또한 금융 환경의 변화에 적응할 수 있는 통화 및 환율 정책의 패러다임 혁신 역시 뒷받침되어야 한다. 자본이동의 자유화가 진행됨에 따라 주요국(미국, 일본 등)의 금리 변동의 충격이 바로 국제 경제로 전이(轉移)되고 있고 시중 유동성(流動性) 역시 외국 자본의 유출입에 큰 영향을 받고 있기 때문이다.

경제 여건의 변화에 대응할 수 있는 제도 혁신이 뒷받침되지 못하면 한국경제의 저성장 탈출과 일자리 추가 창출은 기대하기 어려워질 수밖에 없다. 그러나 기득권층의 저항과 반발 그리고 정치권의 인기영합적인 정책 선호 성향 때문에 제도 혁신 노력이 벽에 부딪쳐서 제자리걸음만 하고 있는 가운데 우리 경제는 이미 장기 불황의 터널로 진입하고 있는 것이다.

한국경제는 오늘날에 이르기까지 몇 차례의 치명적인 경제 위기에 직면했던 적이 있었다. 그러나 경제 외부 여건이 유리하게 바뀌는 덕분에 요행히 다시 일어설 수 있었다. 최근의 사례만 해도 1997년 외환위기 때는 미국 등 선진국의 경기 호황 때문에 수출 증대를 통한 경상수지 흑자를 실현함으로써 경제 위기를 탈출할 수 있었다. 2008년의 글로벌 금융 위기 때는 중국의 대규모 사회간접자본(SOC) 투자에 힘입어서 우리의 철강·화학·조선산업 등이 크게 발전하는 덕분에 금융 위기를 조기에 벗어날 수 있었다. 그러나 현재의 경제 침체를 벗어나도록 도와줄 나라는 지구상에 없다. 미국은 이미 장기적 침체(Secular stagnation)에 빠져있고 중국의 경제성장률도 바오치(保七; 7% 성장률 유지하기)가 붕괴되어(2015.3분기) 6%대로 내려앉고 있으며 유럽의 경제 침체는 더욱 비참한 실정이기 때문이다. 그러나 정부나 정치권에서는 단기적 반짝 부양책이나 내놓으면서 인기영합적인 복지 논쟁에만 몰두하고 있다.

한국경제는 국내총생산(GDP)에 대한 수출의존도가 43%에 달할 정도로 선진국 경제(10% 내외)에 비해서 지나치게 높다. 그러므로 현재의 수출이 10%정도 줄어들면 고용은 10만 명 정도 감소한다는 분석도 있다. 내수시장의 해묵은 침체에 더하여 수출마저 감소 추세를 굳히고 있어서 한국경제는 성장궤도를 완전히 이탈하고 있는 양상이다. 그러나 싸늘하게 식어가고 있는 수출 엔진을 되살리겠다는 정책적 실적은 뚜렷한 성과를 거두지 못하고 있다.

우리 경제의 기초체력을 강화시키기 위한 금융, 노동, 행정 등 모든 분야에서의 혁명적인 제도 혁신은 얼마나 진전되고 있는가? 구시대적인 산업 내·외부의 칸막이 철폐를 비롯한 규제 완화는 어느 정도로 진행되고 있는가? 금융, 보건, 의료, 관광, 교육 등 고부가가치 서비스 산업의 육성과 미래 유망산업에 대한 투자 여건 정비는 어떻게 진행되고 있는가? 신산업 흐름에 부합되는 기술 혁신은 어떤 성과를 내고 있는가?

세계의 저명한 정치 지도자와 투자 전문가들은 농업을 미래성장산업으로 치켜세우고 있다. 미래학자들은 세계 식품시장과 바이오 식의약품시장의 빠른 성장률 등을 예로 하여 농업의 새로운 가능성과 역할을 강조하고 있다. 이에 따라서 선진국들은 생명기술(BT), 정보통신기술(ICT), 환경기술(ET) 등을 농업에 연계시켜서 신성장동력 확보에 나서고 있다.

그러나 한국농업은 급속한 산업화 시대를 거치는 동안에 상대적인 쇠퇴산업(Declining industry)으로 치부되어 경제 발전의 뒤안길에서 겨우 명맥만 유지하는 정도로 위축되어 있다.

유능한 인적자원은 농업 부문을 이미 떠났으며, 새로운 인적자본을 길러낼 교육 시스템도 덩달아서 약화되어 있는 상태이고 동기부여적인 미래비전 제시도 없다.

과연 농업은 돈이 돈을 만들어내는 길이 잘 보이지 않는 오늘날의 자본주의 경제 위기를 극복할 수 있는 유효한 블루오션(Blue Ocean)이 될 수 있는가? 세계 농업은 식품산업과 바이오 식의학산업의 빠른 성장을 뒷받침하는 원료생산업으로 발빠르게 전환하여 새로운 성장산업으로 성공적인 변화를 이룰 수 있을 것인가? 설혹 그렇다고 하더라도 한국농업이 현재의 부존자원과 기술로 이와 같은 거대한 변화의 흐름에 어떤 정도로 참여할 수 있을 것이며 또 참여해서 차지할 몫은 얼마나 될 것인가?

장기 저성장의 늪으로 빠져들고 있는 한국경제를 새로운 성장의 길로 유도할 수 있는 구원투수로서 농업의 가능성은 어떤 정도인가?

미래성장산업으로서 한국농업이 새롭게 창출해야 할 신상품, 신시장, 신영역은 과연 어떠한 모습이어야 하는가?

그러나 한국의 농업 부문에 주어진 토지 등 부존자원(賦存資源)은 선진국에 비해서 상대적으로 너무 빈약하다. 여기에다 이를 이용, 개발해서 성장으로 방향을 전환시킬 수 있는 인적자본마저 열악해지고 있다. 시장개방 폭의 확대에 따라서 값싼 해외 농산물의 수입이 늘어나면서 국내 농업의 수익성은 지속적으로 악화되어 "우리도 한 번 잘 살아 보세"라는 새마을 운동 당시의 의욕적인 경영 마인드마저 크게 저상(低喪)된 상태이다.

무슨 수로 한국농업을 우리 경제의 신성장동력 산업으로 이끌 것인가? 어떤 전략이 국민경제 차원에서 뒷받침되어야 하는가?

chapter 4

농업은
미래성장산업인가?

농업은
미래성장산업인가?

농업이 처하고 있는 거시적 수요환경 변화

　신 4저(低)시대, 즉 저성장, 저물가, 저금리, 저유가(低油價) 시대를 맞이하여 갈수록 치열해지는 강대국 간의 경제전쟁 시대에서 한국경제를 이끌어 나갈 신성장동력 확보 전략이 절실히 필요하다. 이에 따라 창조경제의 핵심인 S/W산업 육성, 사물인터넷(IoT)·빅데이터 등 신기술과 기존 산업의 결합에 의한 신산업 창출, 금융·보건·의료·교육·관광 등 고부가가치 서비스산업의 구조조정에 의한 효율화 등과 함께 농식품산업을 신성장동력산업으로 육성해야 한다는 논의가 활발하게 진행되고 있다.

　거시적 수요환경의 변화가 농업미래성장산업 논의의 배경이다. 농업이 미래성장산업이 될 수 있다는 이유로 거론되는 거시적 변수는 ① 세계 식량수급의 불안정과 식량 수요 확대 ② 생명산업의 발달과 농업 영역 확대 ③ 글로벌화로 인한 농식품 교역 증가 ④ 착한 소비

와 지역농산물 수요 확대 등이다. [22)]

첫째, 식량수급의 불안정성과 장래 식량 수요 확대가 농업을 미래 성장산업으로 이끌고 있다.

100억 명으로 증가하게 될 세계 인구와 식품산업 성장의 영향으로 2100년까지 식량 및 사료곡물의 생산량을 현재의 2배 수준으로 늘려야 한다. 식품과 사료를 포함한 식용곡물 수요뿐만 아니라 바이오에너지용 곡물 수요량 증가에 따라 농업생산 규모는 계속 확대되어야 할 전망이다. 또한 중국, 인도 등 인구거대국의 식품시장 확장에 의해 농식품산업이 빠르게 성장할 전망이지만, 기후변화(지구온난화 등)의 영향으로 세계 식량 생산량은 감소하게 될 전망이다. 즉, 세계 식량 수요는 매 10년마다 14%씩 증가하지만 기후변화의 영향으로 생산량은 매 10년마다 2%씩 감소할 전망이다. 식량의 빠른 수요 증가 속도에 미치지 못하는 생산 증가로 인해 식량 과잉공급 시대가 끝남에 따라 식량생산업은 미래성장산업화 될 것으로 전망된다는 것이다.

둘째, 생명기술(BT)의 발달과 농업의 영역 확대가 농업을 미래성장산업으로 이끌고 있다.

생명산업은 정보통신(ICT)혁명 이후 세계 경제를 주도할 핵심전략 사업으로서 세계 농업생명산업 규모는 2012년 144억 달러에서 2017년 248억 달러로 연평균 11.4%씩 성장함으로써 2020년을 전후하여 바이오 경제 시대가 개막될 것으로 전망된다. 예컨대, 농산물로부터

천연 의약품이나 기능성 소재를 추출하거나 기능성 식품을 제조하는 식·의약품산업은 빠르게 성장 중이고, 정보통신·바이오·나노·에너지 및 환경문화 관련 첨단기술은 농업과의 융·복합화가 빠르게 진행되고 있다.

농업과 첨단 신기술의 융·복합화는 농업생산과 농식품 유통 효율화를 촉진시킴으로써 관행 농업으로부터 스마트 농업으로 전환하게 하는 동시에 농업이 식량공급 기능을 넘어서 건강 및 의료 관련 신수요와 신시장을 창출하는 새로운 산업으로 전환하도록 견인하는 효과를 발휘하게 된다.

셋째, 글로벌화로 인한 농식품 교역 증가가 농업을 미래성장산업으로 이끌고 있다.

지난 10여 년간 한국농업은 50여 개 국가와 자유무역협정을 체결함으로써 내수시장 지키기에 머물러왔던 수세적 자세에서 세계시장 진출이라는 새로운 교역환경 적응 과제를 떠안게 되었다. 이러한 시대적 변화에 농업이 잘 적응함으로써 미래성장산업으로 발돋움해야 한다는 것이다.

예컨대, 농산물 수출은 과거 20년간(1988~2008) 연평균 1.72%씩 증가했으나 최근 5년간(2008~2013)에는 연평균 11.9%씩의 높은 성장률로 증가하였다(그림 4-1).

농산물 수출이 30억 달러에서 40억 달러로 10억 달러 증가하는데 20년이 소요(1988년 32억 달러 ⇒ 2008년 45억 달러)되었으나, 40

억 달러에서 80억 달러로 40억 달러 증가하는데 4.5년(2008년 45억 달러 ⇒ 2012년 80억 달러)밖에 소요되지 않았다. 2004년 이후 농축산물 수출은 연평균 12.4%씩 증가하였다. 특히 FTA 체결국으로의 수출이 연평균 17.2%씩 증가함으로써 연평균 5% 포인트나 높은 수출 성장률을 보였다는 것은 FTA 체결 이후 낮아진 수입국의 문턱을 우리 농산물 수출이 잘 활용하고 있음을 보여준다.

〈그림 4-1〉 농산물 수출 증가 추이(1987~2013)

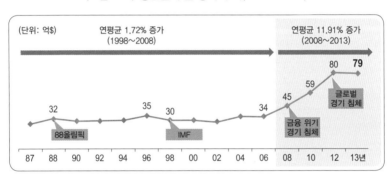

한국 농산물의 수출 환경은 대단히 우수하다. 식문화의 동질성이 높은 동북아시장 14억 명의 잠재적 수요층을 전략적인 고객으로 이웃하고 있고, 특히 소득 증가에 따라 고품질 농식품 수요가 증가하고 있는 중국시장과 인접해 있기 때문에 향후 한국 농식품 수출의 비약적인 증가가 기대되고 있기 때문이다. 중국은 최근 3년간 (2010~2013) 식품 수입이 연평균 18%씩 빠르게 증가하고 있다. 그러나 중국인이 가장 선호하는 농식품 생산국 1위인 한국 상품의 수입 비율은 전체 수입량 중에서 0.72%에 불과하므로 대중국 농산물 수

출 확대 가능성은 대단히 높다고 할 수 있다(그림 4-2).

〈그림 4-2〉 최근 3년간 중국의 수입식품 추이(2010〜2013)

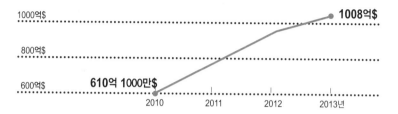

넷째, 착한 소비[23)]와 지역농산물 수요 확대가 농업을 미래성장산업으로 이끌고 있다.

소비자들이 자신의 이익추구적인 식품소비 행태에서 벗어나 이웃과 사회를 고려한 착한 소비활동을 증가시키고 있는 추세이다. 1950년대 유럽에서 시작된 공정무역, 로컬푸드, 사회적기업 제품 구매, 동물학대상품 불매운동 등 착한 소비 풍조가 확산되고 있는가 하면 공정무역, LOHAS(Lifestyles of Health and Sustainability), 동물복지, 저탄소 푸드마일리지, 로컬푸드, 슬로푸드 운동 등은 지역농산물 수요 확대로 연결되고 있다.

농업은 경제 발전 과정에서 생산성 향상의 상대적인 정체로 인하여 수익성이 상대적으로 낮고, 경영 위험성은 상대적으로 높았다. 이에 따라서 인력과 자본 등 농업 부문의 고용 자원이 비농업 부문으로 이동하면서 상대적인 쇠퇴산업(Declining Industry)으로 인식되어 왔으며, 이는 선진국의 경제 발전 경험을 통하여 역사적인 경험법칙으로 인정되어 왔다.

그러나 세계적인 곡물 수요 증가, ICT·BT 등 과학기술과의 융·복합화를 통한 새로운 성장동력 창출, 글로벌 시대의 세계 식품시장 공략 가능성 등 농산물 수요환경의 메가트렌드적인 변화가 농업을 미래성장산업으로 전환시키는 여건으로 작용하고 있다는 것이 많은 전문가들의 견해다. 이미 농산물 시장과 농식품 수요는 변하고 있다. 불특정다수고객 지향적인 대량생산과 유통(Mass market) 시대는 이미 저물고, 목표고객 지향적인 정밀시장(Precision market) 시대가 열리고 있다. 대량유통 시대에서는 가격경쟁력이 중요한 무기였지만, 정밀시장 시대에서는 품질과 서비스경쟁력이 보다 중요한 무기로 등장하고 있기 때문에 한국농업의 새로운 기회요인으로 인식되고 있다.

과연, 농업은 지구촌 경제의 미래성장산업으로 전환될 수 있는가? 농업이 지구촌 경제의 미래성장산업으로 탈바꿈된다고 하더라도 한국농업이 여기에 참여할 수 있는 몫(Share)은 얼마나 될 것인가? 미래성장산업으로 변할 지구촌 농업의 변화에 동참하기 위해서 한국농업은 어떤 준비를 해야 할 것인가?

농업 미래성장산업화의 가능성

한국농업의 미래성장산업화는 거시적 수요환경의 변화를 수용하여 이를 내부화시킬 수 있는 농업 내부 역량이 뒷받침될 때, 그리고 거시적인 수요변화에 참여할 수 있는 한국농업의 몫(Share)이 크거나 커질 가능성이 높을 때 비로소 실현된다. 그러나 농업인들은 미래성장산업화란 분홍빛 미래상에는 큰 관심이 없다. 농촌의 심각한 일손부족 문제와 날로 떨어지는 농업소득 문제 등 당면 문제 해결을 위해서 머리를 싸매고 있을 뿐이다. 나아가서 현실적으로 확대되고 있는 자유무역 체제하에서 대책없이 진행되고 있는 농업 위축 현상을 더욱 우려하고 있다. 따라서 한·중 FTA는 물론 다자간 자유무역 협상인 TPP도 강력히 반대하고 있는 것이다.

왜 농업인들은 자유무역협정(FTA)의 확대를 반대하는가?

관세율이 협정에 의해서 매년 일정률씩 감축되는 만큼 수입 농산물의 국내도착가격은 점차 떨어지게 된다. 이에 따라 값싸진 수입 농산물의 국내시장 점유율이 높아지게 되면, 우리 농산물의 판매가격은 떨어지고 팔아줄 시장도 줄어들게 된다. 이와 같이 개방 폭의 확대와 함께 날로 팍팍해지는 현실과 악전고투하고 있는 처지에서 '미래성장산업'을 위한 정부 계획이 어떻게 설득력을 가지겠는가? 어느 농부가 정부의 메시지에 솔깃해서 귀 기울이겠는가?

해외 농산물이 수입 자유화되면 수입 농산물의 국내시장 판매가격

〈그림 4-3〉 관세의 점진적인 하락과 수입 농산물의 도착가격 하락

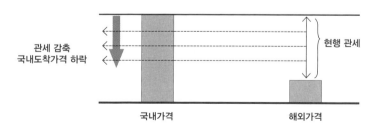

은 궁극적으로 얼마나 떨어지게 될 것인가 하는 문제부터 먼저 검토해보자.

〈그림 4-3〉에서 보는 바와 같이 현재 상태에서는 국내 농산물과 해외 농산물 간의 가격 차이만큼 관세를 부과함으로써 국내 농업을 보호하고 있다고 하자(현행 관세가 국내외 가격 차이를 정확하게 반영하고 있는 것은 아니다).

FTA에 의해서 관세를 매년 일정률씩 감축하는 만큼 수입 농산물의 국내도착가격은 매년 낮아지게 된다. 그렇다면 감축 최종년도의 국내도착가격은 현재의 도착가격보다 궁극적으로 얼마나 낮아지게 될 것인가?

현재의 관세구간별 농산물 품목 수를 표시한 〈그림 4-4〉를 살펴보면 10~30% 이하 관세 구간과 30~60% 구간에 대부분의 농산물이 모여 있으므로 관세 감축이 끝나는 최종년도 수입 농산물의 국내도착가격은 현재 도착가격보다 평균적으로 20~30% 하락하게 될 것으로 짐작할 수 있다.

〈그림 4-4〉 관세구간별 농산물 품목 수

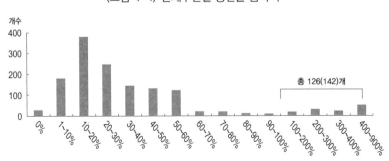

| 구원투수로 농업 세워라 |

거대경제권(EU, 미국, 중국)과의 자유무역협정(FTA)은 모두 체결되어 발효되고 있다(중국은 국회 비준 관계로 미발효). 따라서 기본관세율은 협정에서 정해진 바에 의해서 매년 감축되고 있다. 주요 관심품목별로 관세율이 감축 이행기간 동안에 얼마나 감축되었는지를 살펴보자.

토마토의 기본관세율은 45%였는데, 2015년 현재 EU는 22.5%로, 그리고 미국은 19.2%로 떨어지고 있다. 당근의 기본관세율은 30%인데, 2015년 현재 EU는 10%, 미국은 6%로 떨어졌다. 포도의 기본관세율은 45%인데, 2015년 현재 EU는 12%, 미국은 6%, 그리고 칠레에는 0%(무관세) 관세율을 적용하고 있다. 돼지고기의 기본관세율은 22.5%인데, 2015년 현재 EU에는 12.2%, 미국에는 13.5%의 관세율이 적용되고 있다. 각 나라마다 관세 적용률이 다른 것은 협정 발효 시점과 감축 소요기간이 서로 다르기 때문이다(표 4-1).

〈표 4-1〉 주요 농축산물에 대한 적용 관세율의 변화

품명	기본세율(%)	2015년 현재 국가별 적용관세(%)		
		EU	미국	칠레
토마토	45	22.5	19.2	0
당근	30	10.0	6	0
포도	45	12	34	0
돼지고기(삼겹살)	22.5	12.2	13.5	0
닭고기	18	12.4	12	0

자료: 관세청, 세계 HS 정보 시스템, 2014

동시다발적으로 체결되고 있는 FTA로 인한 시장개방 폭의 확대와

관련된 현장 농업인의 관심 분야는 크게 두 가지로 나눌 수 있다. 첫째, 각종 자유무역협정에 정해진 이행기간(10~15년) 동안에 관세가 완전히 감축된 이후, 수입 농산물의 국내도착가격은 얼마나 떨어지게 될 것인지, 그리고 그 가격은 국내 농업이 감당할 수 있는 가격하락 폭을 벗어나는 정도로까지 하락하게 될 것인지? 둘째, 수입 가격의 점진적인 하락으로 인한 국내 농업의 피해는 해마다 늘어날 것인데, 이를 근원적으로 막아낼 수 있는 국제경쟁력 향상을 위한 효과적인 정책수단은 추진되고 있는지? 아니면, 농업생산활동을 감축, 포기할 수밖에 없는 농업인을 위한 소득보전 시책이나 만족할 만한 전업(轉業)지원 시책이라도 준비되고 있는지?

다시 말하면, 농업인의 주된 관심은 수입 농산물의 국내도착가격이 관세 감축 폭만큼 매년 하락하고 있음에도 불구하고 우리 농업이 더 이상 위축되지 않고 살아남을 수 있을 것인지 하는 데 있다. 한국농업의 위축 추세가 FTA효과로 앞으로도 계속되어 농업인들의 생업(生業) 자체가 현실적으로 위협당하고 있는 처지에서 새로운 농업의 미래를 위한 준비에 관심을 보일 만한 경향이 없는 상태인 것이다.

백보 양보해서 농업을 미래성장산업화로 이끌고 있는 메가트렌드적인 수요환경 변화에는 동의한다고 하자. 그러나 이러한 국제적인 여건 변화에 한국농업이 참여하여 성장의 계기로 삼을 수 있는 준비태세가 갖추어져 있는지, 수요환경 변화에 참여해서 한국농업이 챙길 수 있는 참여 몫(Share)은 얼마나 될 것인지 하는 문제가 남아있다.

농업계 일각에서 나돌고 있는 "누굴 위한 미래성장산업인가?"라는 비아냥에 대한 해답이 반드시 필요하다는 것이다.

첫째, 세계 식량 수요가 확대된다고 하더라도 한국의 식량 공급 능력의 확대는 제한적일 수밖에 없다.

식량 수요가 확대되어 곡물 가격이 상승하면, 거대농업국의 유휴되고 있는 한계지(휴경지 포함)가 먼저 생산화 될 것이다. 그러므로 수요환경 변화에 적응한 곡물 가격 상승이 유발하는 공급 증가 혜택은 농업자원 부존조건이 좋은 거대농업국가가 독식(獨食)하고 우리는 닭 쫓다 지붕만 처다보는 꼴이 될 수도 있다. 또한 곡물의 해외 의존도가 지나치게 높은 현실에서 국제 곡물 가격의 상승은 물가 상승과 함께 사료 가격 상승으로 인한 축산업의 피해로 연결될 수도 있다.

둘째, 생명산업의 발달과 농업 영역의 확대라는 세계적 변화 추세에 한국농업이 참여할 수 있는 몫도 대단히 제한적일 수밖에 없다. 왜냐하면 지속적인 산업의 위축 분위기에서 농업 R&D 투자비율이 상대적으로 낮았기 때문에 생명산업의 발달에 참여할 수 있는 잠재력도 취약하기 때문이다. 이에 따라서 신상품, 신시장 지향적으로 진행될 농식품 교역 증가에 한국농업의 참여 몫 역시 대단히 제한적일 수밖에 없는 것이다.

농업자원 부존조건이 상대적으로 빈곤하고, 그동안의 지속적인 산업 위축으로 농업 부문 내부의 자본 축적이 미약하여 개발투자(R&D) 실적이나 여력이 빈곤한 한국농업이 세계 농식품 수요환경 변화에 의해서 조성되는 신수요와 신시장 참여 몫은 제한적일 수밖에 없다.

그러므로 위축의 악순환 과정에 처해 있는 한국농업을 미래성장산업이라 치켜세우는 것은 농민의 절망과 패배의식을 달래기 위하여 조선시대의 지배계층들이 '농자천하지대본'이라 치켜세우는 것과 별로 다를 바 없다.[24)]

농업을 미래성장산업이라고 믿는 농민들은 있는가? 아니다. 없다. 있어도 극소수일 뿐이다. 만약 있다면 젊은 사람들은 왜 농업을 떠나고 있고, 신규 농업투자는 왜 줄어들고 있는가?

산업화 경제성장 정책의 선택 이후, 그리고 개방화 정책으로 계속되어온 한국농업의 상대적인 위축과 추락의 악순환 고리를 끊어내고 성장의 선순환을 시작하게 하는 정책 혁신이 이루어져야 비로소 농업의 미래성장산업화가 기대 가능할 것으로 판단된다. 이를 위하여 피해 보전 위주의 소극적인 현재의 개방대응 정책을 국제경쟁력 강화를 목표로 하는 적극적인 정책으로 혁신해야 성장의 선순환 과정으로 농업 부문을 유도할 수 있다는 것이다.

적극적 개방대응 정책의 핵심적 과제는 현재의 농산물 생산비를 관세의 최종 감축 폭에 상응하는 20~30%정도 절감시킬 수 있는 기술과 경영 혁신에 있다. 어떻게 이를 실현함으로써 관세 감축 폭만큼 국내도착가격이 차츰 떨어지게 되는 해외 농산물에 전혀 밀리지 않는 국제경쟁력을 확보할 것인가?

국민의 주식곡물인 쌀 생산비를 20~30% 절감시키고 있는 현장 사례부터 살펴보자.

| 구원투수로 농업 세워라 |

벼 생산 과정에서 육묘·이앙 과정을 생략하는 직파재배 방식의 선택을 통하여 쌀 생산비를 20~30% 절감하고 있는 전략적인 사례가 벼농사의 새로운 재배기술로 부각되고 있다.

수지맞는 쌀농사를 실현한다는 것은 식량안보를 지키는 동시에 벼 재배면적을 일정수준으로 유지함으로써 벼농사를 포기한 농지가 과채류 등 다른 작목의 재배면적 증가로 전환되는 것을 막아서 전체 농산물가격의 하락 추세를 예방하는 등 농산물가격 안정화의 기능도 기대할 수 있다.[25]

우리 쌀의 총 생산비는 직접생산비에다 토지 및 자본용역비 등 간접생산비를 합쳐서 계산되는데, 2014년 총 생산비는 11만 4778원/80kg으로 5% 관세 부담 의무수입 쌀(CIF가격)보다는 1.3~1.8배 높고 운송비용과 판매마진을 감안한 수입 쌀 판매가격(9만 5000원 내외/80kg)보다는 17% 이상 높았다. 그러므로 가격경쟁력만을 기준으로 말할 때 우리 쌀의 생산비를 현재 수준보다 20% 이상 절감시킬 수 있는 가격경쟁력 향상 전략이 필요하다.

〈표 4-2〉 주요국의 쌀 예상도입가격과 국내 쌀 생산비 비교

구분	2013년 CIF($/톤)[1]	환율(원/$)	수입쌀값 무관세 (원/80kg)	한국쌀 생산비(원/80kg)	
				총생산비	직접생산비
미국(중립종)	683	1095	6만 3303	11만 4778	7만 726
중국(단립종)	919	1095	8만 5177		

주 1) aT 조사가격(2013년 기준)
자료: 통계청 "전국논벼생산비" 2014

벼 생산비 중에서 직접생산비는 61.1%를 차지하고 있고, 직접생산비 중에서는 인건비(자가+고용)는 38.8%, 그리고 위탁영농비는 23.9%를 차지하고 있다. 그러므로 인건비와 위탁영농비의 상당부분을 차지하고 있는 이앙재배 방식(육묘→이앙) 대신에 생력(省力)적인 직파재배 방식을 선택하는 것이 쌀 생산비를 획기적으로 절감하는 전략이 된다.[26]

벼 직파재배 신기술은 철분코팅기술[27]에 의한 무논점파 및 담수산파에 의한 직파재배와 생분해성 필름을 이용한 멀칭재배기술에 의한 직파재배로 나눌 수 있다.

먼저 철분코팅기술에 의해서 전남 보성군에서 시행한 직파재배는 관행 기계이앙의 경우에 비해서 무논점파의 경우 16.4%, 담수산파의 경우 23.9%의 생산비 절감 효과가 입증되었다(그림 4-5).

〈그림 4-5〉 전남 보성군 직파재배 3만 평 사례

직파재배 시에 발생하는 가장 큰 문제점은 제초 문제, 특히 앵미 발생 문제이다. 강력한 제초제(금지농약 포함) 사용을 통하여 이에 대처할 수도 있지만, 잔류농약 문제(특히 수출 시)가 남아 있다. 여기에 근본적으로 대응하는 기술로 등장한 것이 생분해성 필름을 이용한 멀칭재배 방식이다.

서산 현대농장에서 실시한 멀칭재배에 의한 직파재배는 쌀 생산비를

29%까지 절감시킬 수 있었다(그림 4-6).

〈그림 4-6〉 서산 현대농장 직파재배 1만 평 사례

벼 재배 시에 무논직파 또는 건답멀칭재배 방법을 적용하여 육묘·이앙 과정을 생략한 결과 2013년 쌀 80kg당 생산비 11만 4278원/80kg을 8만 ~9만 원/80kg으로 절감함으로써 중국 의무수입 쌀 도착가격(9만 5000 원/80kg)보다 낮은 수준으로 벼 생산비 절감을 기대할 수 있으므로 쌀의 국제경쟁력 강화를 실현시킬 수 있다는 것이다.

국민 1인당 연간 쌀 소비량은 2000년의 93.6kg에서 2013년에는 67.2 kg으로 30%가량 줄어들었다. 소비감소 추세에 더하여 총 소비량의 10% 에 해당하는 값싼 의무수입 쌀은 쌀의 과잉재고 현상을 부추겨서, 산지 쌀값의 하락 추세를 유발해 왔다.

쌀농사를 지속시켜서 적절한 식량안보 기능을 유지하기 위해서는 생산 된 쌀의 일부분을 수출로 전환시킬 수 있어야 한다. 간척농지를 비롯한 수 출용 쌀 재배단지에서는 획기적인 생력(省力)재배 기술인 직파재배 방식 을 적용하도록 권장하여 쌀의 국제경쟁력 강화에 의한 수출산업화를 실 현해야 한다.

양돈산업에 '피그플랜' '돈컴리' 등 전산관리 프로그램을 이용함으로써 PSY(모돈 두당 이유자돈 수)를 18.1두에서 22.6두로 증가시키는 양돈경영 혁신 사례가 속출하고 있다. 생산성을 25% 향상시키고 있는 이러한 기술 혁신을 통하여 양돈산업의 국제경쟁력 강화를 실현시키고 있는 것이다.

축사 내부의 온도, 습도, 탄산가스 등 환경 변화를 CCTV를 통해서 실시간 모니터링하고, RFID(제한급이기)와 USN(음수관리기) 등을 활용하는 사양관리 등 클라우드 기반의 통합관리(생산, 경영, 사양 및 이력 관리) 시스템에 의한 ICT 융합 지능형 축사관리 시스템이 축산 경영의 효율성 향상을 실현하고 있다.

또한 유리온실의 ICT 기술을 이용한 스마트 관리체제 도입으로 최적화된 생장환경을 조성하고, 생육을 제어하는 등의 경영관리 스마트화를 통하여, 관리 인건비 절감과 품질 향상 및 편의성 증대 등을 통해서 부가가치를 창출하고, 국제경쟁력의 강화를 이끌고 있는 사례도 속출하고 있다.

생산측면 뿐만 아니라 선별, 포장, 저장, 가공 등 시설자동화와 거래의 온라인화 등 유통 효율화를 실현하고 나아가서 소비자 구매요구와 선호 변화에 정보를 연계함으로써 소비자 지향적인 생산을 가능하게 하는 등 ICT·BT 기술의 농업과의 융·복합을 통하여 한국농업의 국제경쟁력을 향상시켜야 한다.

사례3. 첨단 유리온실에 의한 과학영농(온도, 습도, 광관리)으로 생산성과 품질 향상

시설채소 재배면적은 2013년 현재 6만ha로 대부분의 농가가 시설비 투자제약 조건 때문에 비닐온실재배 방법을 선택하고 있다. 그러나 비닐온실과 첨단 자동화 유리온실 간에 발생하는 생산성과 품질은 엄청난 차이가 있다.

예컨대, 비닐온실에서 토마토를 재배할 경우, 평균생산성은 6.6kg/㎡로 첨단 유리온실(60kg/㎡)의 1/9 수준에 불과하다. 또한 품질에 있어서도 상품(上品)의 비율이 50%로 자동화 유리온실의 55%(50/90)수준에 불과하다. 이러한 생산성과 품질의 현격한 차이는 자본투자의 크기 정도와 신기술 적용의 크기 정도 때문에 발생한다고 할 수 있다. 첨단 온실에서는 온·습도와 탄산가스 농도 등 작물 생육에 필요한 최적 자연환경을 생육 단계마다 자동적으로 조절, 적용해주고 있어서 생산성과 품질이 크게 향상되기 때문이다.

〈그림 4-7〉 일반온실과 첨단 유리온실의 생산량 및 품질 차이

이상의 사례를 요약하면, 농업의 성장산업화 가능성은 자본과 기술의 도입으로 생력화와 생산성 향상을 실현하는 동시에 농업생산과 유통, 그리고 농장경영에 ICT(정보통신기술)와 BT(생명공학기술)를 융·복합하여

'스마트 농업'을 어떻게 효과적으로 실현할 수 있느냐에 달려있다.

정밀농업의 실현으로 생산효율성을 증대하고 값비싸진 토지와 노동자원을 절약하여 농업소득을 향상시키는 일이 가장 먼저다. 또한 선별, 포장, 가공, 저장시설의 자동화와 함께 소비자 선호 변화를 정보화하고, 거래를 온라인화 하는 등 유통 효율화와 유통 전후방의 가치사슬(Value Chain) 연계를 지향하는 6차산업화 실현이 다음이다. 합리적인 경영과 데이터 기반의 영농 계획과 출하 등을 실시하는 스마트 경영체제가 반드시 뒷받침되어야 농업의 수출산업화 내지 성장산업화는 기대할 수 있다.

한국농업의 가능성은 있다. 그러나 이를 실현하기 위한 물적 기반의 혁신에 소요되는 필요자금을 어떻게 조달할 것인지? 현행의 농업생산과 유통질서에 ICT, BT 기술을 융·복합하여 생산성을 제고하고, 수출 신시장을 개척하며, 나아가서 농업생산 전·후방의 가공, 관광산업과의 융·복합을 실행해 나갈 현장 경영주체를 어떻게 육성, 확보해야 할 것인지 하는 문제는 여전히 우리에게 던져진 해묵은 숙제로 남아 있다.

정부의 성장산업화 추진 전략, 설득력 있는가?

정부는 '희망찬 농업, 활기찬 농촌'이란 비전과 함께 이를 위한 농업의 미래성장산업화 추진 전략을 발표하였다(2014.11.19).

정부의 추진 전략은 ① 글로벌 경쟁력 있는 농식품 생산 체계를 구축하고 ② 농식품의 6차산업화를 통해 생산-판매-재투자의 선순환 구조를 정립하며 ③ 수출 확대 및 농업성장동력을 확충함으로써 농업경쟁력 확보와 농촌 활력을 창출하겠다는 것으로 요약된다(그림 4-8).

〈그림 4-8〉 농업의 미래성장산업화 목표 및 촉진 전략

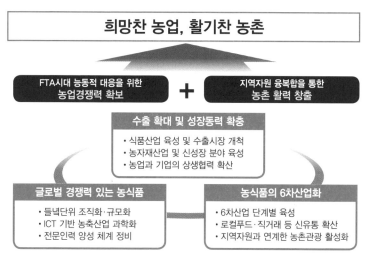

자료: 농림축산식품부. 2014.

글로벌 경쟁력 있는 농식품 체계 구축

들녘단위로 농기를 조직화·규모화하고 ICT 등 첨단기술을 접목하여 농축산업 생산성을 세계 일류 수준으로 제고하며, 글로벌 수준의 농산물 안전성 관리 체계를 조기 정착시키는 동시에 기술농업을 이끌 전문인력 양성 체계를 정비하여 체계적인 직업교육 시스템과 농업인 교육 체계를 구축한다.

농식품의 6차산업화

> 농업과 2, 3차 산업간 연계를 통하여 6차산업을 단계별로 육성함으로써 지역특화산업으로 육성하고, 농외소득을 높인다. 또한 로컬푸드, 직거래 등 신유통 확산과 농촌 지역자원과의 연계를 통해서 농촌관광의 품질 및 서비스를 향상시킨다.

수출 확대 및 성장동력 확충

> 시장개방 확대에 대응하여 고부가가치 식품산업을 육성하고, 수출시장 개척으로 농식품에 대한 신수요를 창출하고, 농업 전후방산업의 경쟁력 제고를 통한 체계적 수출 지원 및 기술 개발 등 새로운 성장동력을 발굴하여 농업경영체 역량 강화 및 농업과 기업간 상생협력 시스템 구축으로 우리 농업의 경쟁력을 강화한다.
>
> 또한, 농업회사법인의 비농업인 출자한도 완화 등 농업법인의 외부자본 유치 활성화 및 투자 제약조건의 완화를 통하여 농업과 식품기업 간의 상생협력 모형을 발굴, 확산하겠다는 것이다.

정부는 희망찬 농업, 활기찬 농촌이라는 비전을 달성하기 위해서 필요한 모든 정책수단에 대하여 농업의 미래성장산업화를 위한 정책적 개입을 강화해 나가겠다는 정책의지를 천명하고 있다. 그러나 정부의 추진 전략은 한국농업이 직면하고 있는 위축의 악순환 고리를 어디에서부터 어떻게 단절하여 새로운 선순환을 시작하게 할 것인지

　　　　　　　　　　　　| 구원투수로 농업 세워라 |

에 대한 전략적 사고에 의한 정책적인 접근이 부족해서 공허하다는 인상을 지울 수가 없다. 다시 말하면, 시장개방 확대에 의한 값싼 농산물의 수입 증가는 우리 농업에 주어진 현실이므로 이를 받아들일 수밖에 없지만, 개방 확대가 초래하는 산업 위축의 악순환 고리를 효과적으로 끊을 수 있는 정책수단의 제시가 미흡하다는 것이다.

원론적으로, 가격경쟁력과 품질경쟁력의 향상을 통해서 국제경쟁력을 효과적으로 향상시킬 수 있다면 개방 피해는 대부분 흡수될 것이며, 농가소득의 하락은 막아낼 수 있을 것이다. 또한 우량 생산자원의 농업 이탈 추세도 막을 수 있을 뿐만 아니라 농업 외부 자원의 농업 유치도 기대할 수 있을 것이다.

농림어업생산액은 실질가격 기준으로 개방 이후 15년간 (1995~2010)에는 연평균 1.27%씩의 낮은 성장률을 보이면서 성장했으나, 최근 4년간(2009~2013)에는 연평균 -1.05%씩 생산액이 감소하고 있다. 이러한 일은 농업 역사상 초유의 사건으로 그동안 진행되어 왔던 농림어업의 상대적인 위축이 이제는 절대적인 위축으로 전환되고 있음을 알려주는 것이다. 또한 앞으로 FTA에 의한 관세감축이 진행되어 수입이 점차 증가하게 되면 생산액의 미미한 감소 상태는 바로 큰 폭의 감소 상태로 진입하게 될 수 있다는 사실도 동시에 시사하고 있다.

2025년이 되면 해외 농산물 수입액이 317억 달러 수준으로 확대될 것으로 한국농촌경제연구원(KREI)은 전망하고 있다. 이러한 수입 규모는 2013년 농업생산액 47조 원의 75% 수준에 해당한다.

해외 농산물의 수입이 증가함에 따라 쌀, 곡물, 채소, 과일, 축산물 등 전 농축산물의 재배면적과 사육두수가 앞으로는 지속적으로 감소할 것으로 전망되고 있다. 10년 후(2024) 농작물 재배면적은 모두 감소하게 된다. 즉 벼 재배면적은 현재(2014)보다 10% 정도 그리고 쌀 외 곡물은 17% 정도, 5대 채소작물은 7% 정도가 줄어들게 될 것이다. 여기에다 5대 축산물 사육두수도 20% 정도 줄어들 것으로 국책연구원은 전망하고 있는 것이다(표 4-3).

<표 4-3> 농축산물 재배면적과 사육 규모 변화 전망(2004~2024)

(단위: 천ha, 백만 마리)

구분	2004	2014	2024	'24/'04	'24/'14
쌀	1,001	816	739	73.8	90.6
쌀 외 6대 곡물	208.4	161.4	134	64.3	83.0
5대 채소	188.6	134.4	124.6	66.1	92.7
6대 과일	128.8	109.5	105.8	82.1	96.6
5대 축산물	607	692	558	91.9	80.6

자료: 한국농촌경제연구원(KREI), 농업전망 2014

거대경제권과의 동시다발적인 자유무역협정(FTA) 체결로 예상되었던 농업 위축은 착착 진행되고 있는 가운데, 장래의 농업생산 규모는 더욱 줄어들 것으로 정부출연 연구기관(KREI)이 전망하고 있다. 그러나 정부는 농업을 미래성장산업이라고 내세우고 있다. 생뚱맞고 어이없다. 그러나 미래산업으로의 길을 피할 수도 없고, 포기해서도 안된

| 구원투수로 농업 세워라 |

다. 농업은 이대로 위축되어 사라져서는 안 되는 산업이기 때문이다.

문제가 어려우면 원론부터 다시 출발하라고 한다. 원론을 벗어난 정책수단의 선택은 문제를 더욱 어렵고 혼란스럽게 할 뿐이다.

다시 말하면, 농업의 미래성장산업화를 위한 정책수단의 평면적인 나열보다는 농업 위축의 악순환 고리를 먼저 끊어내고, 성장산업화를 위한 선순환 발판을 만들기 위한 원인해소적인 정책수단의 우선적인 선택이 필요하다는 것이다.

즉, 〈그림 4-9〉의 (A)에서 보는 바와 같이 위축의 악순환 과정에 처한 현재의 농업 위기를 (B)와 같이 선순환 과정으로 전환시키기 위한 농업정책의 혁신이 우선적으로 필요하다.

〈그림 4-9〉 농업 위축의 악순환 구조와 성장의 선순환 전환을 위한 발판

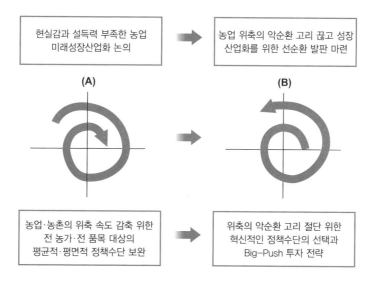

종래의 개방 대응 농정의 기조(基調)는 개방으로 인한 농업의 위축 속도를 감축시키기 위한 전 농가, 전 품목 대상의 평균적이고 평면적인 정책수단이었다. 그러나 거대경제권(미국, 중국, EU)과의 자유무역협정 체결이 완료되어 전면개방 시대가 시작되고 있는 현 시점의 개방 대응 정책 선택의 핵심은, 위축의 악순환 고리를 절단하기 위한 혁신적이고 근원적인 정책수단의 선택과 함께 이를 한꺼번에 그리고 지속적으로 추진하는 빅-푸시(Big-Push) 전략[28]을 선택해야 한다. 이를 통하여 지속되고 있는 농업 위축의 악순환 구조를 끊어내고, 성장의 선순환 구조로 전환시킬 수 있어야 농업의 미래성장산업화가 기대 가능해진다는 것이다.

　오늘날의 농업 위축 현상은 여러 가지 복합적인 이유가 해를 지나는 동안 켜켜이 쌓여서 유발된 결과라 할 수 있다. 그러므로 헝클어진 실타래를 풀기 위해서 실마리를 찾는 지루한 노력보다는 실타래의 헝클어진 부분을 한칼로 잘라낸 알렉산더 대왕의 젊은 시절의 결단과 같은 혁명적인 선택이 농업의 악순환 구조를 해소하는데 필요한 때가 왔다.

　다시 말하면 현장 농민들을 자주 만나서 위로하고 현장의 문제에 현상대응적으로 접근한다거나 개방 피해의 보전 위주 현상유지적 정책수단에 의해서는 농업 위축을 도저히 막아낼 수 없다. 오늘날의 농업 위축은 글로벌 경쟁 과정에서 야기되고 있는 문제로서 상대적으로 낮은 국제경쟁력이 근본 원인이다. 그러므로 농산물의 국제경쟁력을 향상시킬 수 있는 원인대응적 정책수단을 과감히 선택해야 할 때가 이제는 왔다는 것이다.

chapter 5

농업정책의
혁신 과제

농업정책의
혁신 과제

정책 혁신의 목표와 농정 패러다임의 전환

2013년 농림업 분야의 생산액은 46조 6480억 원이었고, 부가가치 생산액은 23조 3381억 원이었다. 이를 뒷받침하기 위한 정부의 재정지출액(예산+기금)은 13조 5268억 원으로 이는 농업 총생산액의 29%, 총부가가치 생산액의 58%에 해당한다.

농업 부문이 1년 동안에 생산한 총부가가치액의 절반 이상 해당액을 정부가 농업을 위해서 재정자금을 투입하고 있는데도 불구하고, 농업성장률과 농업소득은 정체 내지 감소하고 있고 정부 정책에 대한 정책 수요자(농가)의 불만은 높아지고 있으며, 정책신뢰도마저 떨어지고 있다. 부끄럽고, 기막힌 일이다.

그러므로 농업정책 혁신에 대한 사회적 요구는 대단히 높다.

농정 혁신에 대한 사회적 요구는 한마디로 막대한 국민의 세금 부담을 재원으로 하는 정책 시행의 효과성을 획기적으로 높여야 한다는 것이다. 즉, 농업의 국제경쟁력이 높아져서 개방 확대에도 끄떡없는 경영체질을 갖추도록 하라는 것이다. 백보 양보해서 경쟁력 향상이 단기간 내 실현이 어렵다면 농가소득이라도 도시근로자가구소득보다는 최소한 떨어지지 않도록 되어야 하는 것이 아니냐는 것이다.

정책의 효율성 내지 효과성을 제고하기 위해서는 정책 혁신의 목표가 뚜렷하게 설정되어야 하고, 목표를 달성하기 위한 정책수단의 현실부합성 내지 적합성이 높아야 한다.

정책 혁신의 가장 큰 목표는 농업 위축의 악순환 고리를 절단하고 성장의 선순환 구조로 전환시키는 데 두어져야 마땅하다. 이를 위한 강력한 정책수단의 확보와 함께 농업 내부 혁신 주체의 역할을 담당할 수 있는 신경영주체를 육성, 확보해야 한다. 거시적 수요 환경의 변화를 수용하여 내부화할 수 있는 경영 능력이 강화되어야 혁신 프로그램의 내실화를 앞당길 수 있기 때문이다. 또한 농업생산활동으로 창출되는 환경보전, 생태적 경관유지 및 과밀한 도시인구의 농촌지역 분산 등 부수적인 정책목표를 동시에 달성할 수 있어야 한다.

첫째, 정책 혁신을 위하여 새로 도입되는 정책수단은 농가가 처하고 있는 현실에 부합되고, 농가경영상의 애로 개선에 효과성이 높아야 한다는 농업 현장의 제약조건을 충족시켜야 한다.

한국 농가는 고령화와 영세경영화 현상이 갈수록 심화되고 있다. 전체 농가인구 중에서 65세 이상 농가는 2013년 현재 38%이고, 0.5ha 미만 농가 비중은 42%, 1ha 미만 농가 비중은 68%이다. 이러한 농가분포도의 현실에도 불구하고, 전 농가를 대상으로 하는 평균적인 농정 추진 관행은 계속되고 있기 때문에 정책의 효과성이 떨어지고 있다.

예컨대, 65세 이상인 동시에 경영 규모가 0.5ha 미만인 고령농가(전체 농가의 16% 해당)에게는 농업발전 모형을 적용하기보다는 농촌형 복지정책을 개발, 적용해야 마땅하다. 또한 전체 농가의 9%를 차지하는 대규모 전업농에게는 직불제를 통한 소득보전 정책보다는 수익보험 등 경영안정화와 선도적 기업농화 정책이 선택적으로 적용되어야 합리적이다(그림 5-1).

〈그림 5-1〉 연령과 경영 규모에 의한 농가 수의 분포도

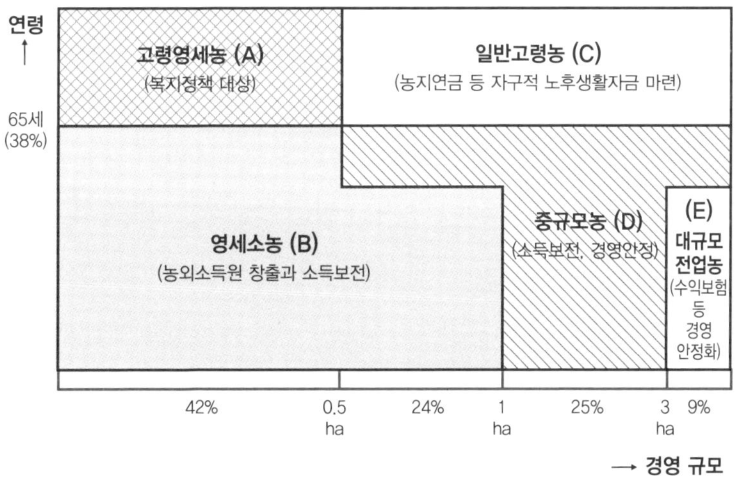

정책의 효과성과 현실적응성을 제고하기 위해서는 분포도의 A, B, C, D, E 등 각 계급의 농가들에게 아래에 적시한 세 가지 유형의 농업 발전 모형을 스스로 선택하도록 유도한 후 각 모형별로 차별화된 경영지원과 소득지원 정책수단을 적용할 수 있어야 한다.

① 농촌형 복지정책 대상으로 경영이양 모형(A와 C)

② 농외소득원 창출 정책 대상으로 선도기업농과의 상생협력 모형 (B와 D)

③ 대규모 전업농화 정책 대상으로 선도기업농 발전 모형(E와 D)

둘째, 내수시장 지키기에 초점을 맞추어 왔던 종래의 개방대응 대책을 수출신시장 개척으로 전환해야 한다.

그동안 발표되었던 FTA 개방대응 정책의 중심 전략은 내수시장 지키기였다. 이를 적극적인 수출신시장 개척 전략으로 전환해야 한다. 관세율의 감축에 의해서 밀려들어오는 수입 농산물에 상응하는 양만큼 수출 물량을 증가시키지 못한다면, 한국농업은 시장 부족 때문에 끝내 위축을 피할 수 없을 것이기 때문이다. 수출 인프라 조성과 수출업체의 수익성을 보완하는 등 농산물 수출기반을 강화해야 한다. 또한 민간 수출기업이 보유하고 있는 수출경영 노하우와 축적된 해외 인적·물적 네트워크 등 수출시장 개척 인프라를 농업 부문에 접목·연계시키는 것도 빠뜨려서는 안될 중요한 수출기반이다.

가격경쟁력의 국제적 비교열위 개선

시장개방 확대로 농업 부문도 무한경쟁 시대로 진입하고 있다. 그러나 농업인력의 양적·질적 저하 문제는 오히려 악화되고 있고, 경영의 영세성도 뚜렷한 개선 경향을 보여주지 못하고 있다. 이에 따라서 생산, 유통, 가공, 수출 등 모든 분야에서 농업 부문의 글로벌 경쟁시장 대응 능력이 미흡하여 농업 위축이 앞으로 더욱 가속화될 수 있다는 우려마저 커지고 있다.

본격적으로 시작되고 있는 농업 위축의 악순환 고리를 절단하고 성장의 선순환 구조로 전환시키기 위한 농업정책 혁신의 핵심 과제는 가격과 비가격경쟁력의 향상 전략에 의한 국제경쟁력 향상이다.

가격경쟁력의 국제적 비교열위(比較劣位) 상태를 궁극적으로 개선하기 위해서는 현재의 토지와 노동이용 집약적인 생산 구조를 자본과 기술이용 집약적인 생산 구조로 전환시킬 수 있는 농업자원 결합 구조의 개선을 위한 정책수단이 적극적으로 선택·추진되어야 할 때가 왔다.

그동안 농업의 가격경쟁력을 향상시키기 위해서 주로 농촌진흥청 주도하에 생산성 향상과 생산비 절감 등 시책이 꾸준히 강구되어 왔지만, 뚜렷한 효과를 거양하지는 못했다. 그 이유는 그동안의 가격경쟁력 향상 시책이 주어진 생산자원 결합 구조를 전제조건으로 하여 토지, 노동 등 개별 투입자원의 효율성을 강화시키는데 치중되어 왔기 때문이다.

경제 발전에 따라서 토지와 노동 등 부존성(賦存性)이 강한 생산 자원은 일정한 기간 동안에 일정한 규모를 유지하는데도 불구하고 점차 수요가 커지기 때문에 그 자원가격(지대와 임금)은 오르게 된다. 그러나 자본은 자본주의 발전과 자본이동의 자유성 때문에 상대적으로 풍부해짐에 따라 자원값(이자)은 낮아지게 되는 자원이용가격 상의 변화가 진행되어 왔다. 이에 따라서 값이 비싸진 자원(토지와 노동력)을 값싸진 자원(자본)으로 대체하는 자원이용 구조의 변화를 촉진하는 농업 정책수단의 선택을 통하여 가격경쟁력을 획기적으로 향상시킬 때에 이르렀다는 것이다. 예컨대, 토지를 자본으로 대체하는 행위가 하우스 농법이고, 노동을 자본으로 대체하는 행위가 기계화 농법인데, 이를 촉진시키는 정책수단이 우리 농업의 국제경쟁력을 향상시키는 주요 정책으로 선택되어야 할 때가 왔다는 것이다. 현재의 토지·노동 집약적이용 생산 구조를 자본과 기술 집약적이용 생산 구조로 전환할 경우, 생산비가 구조적으로 절감되므로 획기적인 가격경쟁력 향상을 기대할 수 있기 때문이다.

　생산비는 생산에 소요되는 자원의 이용대가(값)의 합으로 계측되는데, 값이 비싸진 토지와 노동력을 많이 이용하는 전통적 농법으로부터 값이 싸진 자본의 투입을 늘리는 대신에 토지와 노동력을 절약하는 농법으로 전환하면 농산물 생산비를 절감할 수 있게 된다. 국제경쟁력이 높은 선진국 농업들이 모두 규모화를 지향하면서 기계화와 장치산업화 되고 있는 것도 이 때문이다.

〈그림 5-2〉에서 보는 바와 같이 현재 상태의 농산물 생산비 구성은
평균적으로 지대 40%, 임금 35%, 이자(비료·농약 등 농자재 구입 등
금융자본값) 25% 등으로 구성되고 있는데, 값싼 자본과의 대체를
통하여 값비싼 지대와 임금을 절감하면 결국 생산비의 획기적인 절감
을 기대할 수 있다는 것이다.

〈그림 5-2〉 자원결합 구조 혁신에 의한 생산비 절감 효과

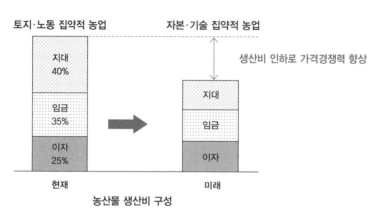

그러나 현재의 토지와 노동 집약적인 농업자원 이용 구조를 자본
과 기술 집약적인 농업자원 이용 구조로 전환시키기 위해서 필수적인
소요자본의 원활한 공급이 다음과 같은 이유 때문에 크게 부족한 점
이 현실적 제약요인이다.

첫째, 농업 부문 내부의 자본동원 능력이 취약한 상태이다. 2013
년 농가부채는 호당 평균 2736만 3000원으로 한 해 동안 농가소득
의 79%, 농가경제잉여의 640%에 달하고 있다. 물론 농가부채는 농

가자산에 비해서는 6.8%에 불과하므로 규모 자체가 크게 문제될 것이 없지만, 한 해 농사로 얻게 된 경제잉여로는 6~7년 걸려야 다 갚을 수 있을 정도로 과중한 것은 사실이다.

둘째, 정부의 재정 사정도 경기 침체 회복과 복지재정 수요 증가 등 이유로 연속적인 적자 상태를 보이고 있어서 충분한 농업 부문 투자 증가를 기대하기 어려운 상태에 처하고 있다. 〈표 5-1〉에서 보는 바와 같이 농수산 부문 예산의 전년 대비 증가율은 2010년 이후 전체예산 증가율의 절반 수준 이하에 머물고 있다.

〈표 5-1〉 정부예산의 전년 대비 증가율 추이(2006~2014)

연도	2005	2006	2007	2008	2009	2010	2011	2012	2013	2014
전체(%)	14.3	6.9	6.4	7.9	10.6	2.9	5.6	5.3	5.1	4.0
농수산(%)	6.9	7.2	5.5	2.4	5.6	2.4	2.2	2.8	1.4	2.0

자료: 농식품부. 「농림축산식품 주요통계」 각년도

농업 부문에 대한 민간투자 활성화 유도

그렇다면, 농업자원 이용 구조의 혁신을 위한 자본을 어떻게 조달할 것인가? 농가와 정부를 대신해서 농업 혁신을 위한 자본을 공급할 경제주체를 어디에서 구할 것인가?

2008년 금융 위기 이후, 세계적인 경기 침체 현상을 극복하기 위한 목적으로 주요 선진국들이 양적완화 정책(통화공급 확대 정책)을 선택한 결과 여태까지 경험해보지 못한 전혀 새로운 자본주의 위기가 시작되고 있다. 자본주의는 자본의 투입에 의한 이익 창출로 자본이 새로운 자본을 만들어내면서 성장해 왔다. 그러나 돈이 돈을 만들어내는 자본주의 시스템 자체가 금융 위기 이후 붕괴되었다. 마땅히 투자할 곳을 잃은 돈이 기업과 은행에 대책 없이 쌓여가고 있는 자본주의 역사 이래 초유의 위기가 진행되고 있는 것이다.

1%대의 금리는 물가상승률을 감안할 때 마이너스 금리 수준이다. 이자는 떨어지고 있으나 적절한 투자처를 찾지 못한 자본은 민간기업의 사내유보금 형식으로 쌓여가고 있다. 국내 10대 그룹의 81개 상장계열사가 보유하고 있는 2014 회계연도 말의 사내유보금은 516조 원 규모로 2009년 271조 원에서 최근 5년간 매년 평균 49조 원씩 증가해온 셈이다(그림 5-3).

〈그림 5-3〉 10대 그룹 81개 상장사(금융사 제외) 사내유보금 추이

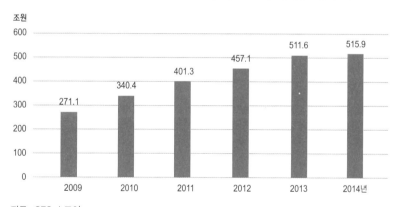

자료: CEO 스코어

적절한 투자처를 찾지 못하여 쌓이고 있는 민간기업의 유휴자금을 농업 부문의 경영 혁신을 위한 자원결합 구조 개선의 투자 재원으로

활용함으로써 농업 부문과 민간기업 부문 간의 협력에 의한 새로운 상생적 사업 모형을 구축할 필요성이 있다.

이를 통하여, 농업 부문의 국제경쟁력 향상을 실현하는 동시에 민간기업 부문에 축적되어 있는 유휴자원(자본 및 경영자원) 활용을 통한 신성장동력 확보와 일자리 창출을 실현하는 농업과 비농업 부문 간의 협력적인 상생 모형을 창출하자는 것이다.

일반적으로 농업생산은 자연조건에의 의존성이 높아서 경영위험성이 높다. 게다가 자본회전율마저 낮기 때문에 민간기업은 그동안 농업생산 참여를 꺼리게 되었고, 농민들도 자신들의 고유한 생산 영역을 지키려는 정서적인 경향이 강했다.

민간기업의 농업생산 참여는 기업이 생산하고 있는 최종 제품(가공식품, 화장품, 의약품 등) 생산에 소요되는 원료농산물의 안정적인 확보를 위한 계약재배 형식이 대부분이었다. 기업의 농업 참여 형태는 생산 참여형과 이용 참여형으로 나눌 수 있는데, 주로 유통·수출·가공 등 이용 참여형이 대부분이고, 이들의 농업 참여는 계약생산·매입 등의 형태였다. 생산 참여형은 직접생산과 계열화에 의한 생산통제 등 형태인데, 아모레퍼시픽에서는 원료농산물을 확보하기 위해서 제주도에서 녹차 재배를 직영사업으로 운영하고 있고, 동부팜한농에서는 화옹간척지에서 수출용 토마토 재배를 첨단 유리온실 사업으로 시작하였으나, 일부 농민단체의 강력한 반발로 무산되었다(그림 5-4).

미래성장산업으로서의 농업의 가치를 인정하는 사람은 많다. 그러나 내수시장 지키기에 몰두하고 있는 농민들의 시선을 떠오르고 있는 수출시장으로 돌려야 농업의 미래성장산업의 가치를 실현할 수 있다.

토지, 노동 등 값비싼 생산요소를 값이 싸진 자본과 기술로 대체해야 우리 농산물의 국제경쟁력 향상을 실현할 수 있다. 이를 통하여 부가가치를 창출하고, 수출 증가와 함께 농가소득 향상도 기대할 수 있다.

〈그림 5-4〉 기업의 농업 부문 참여 형태

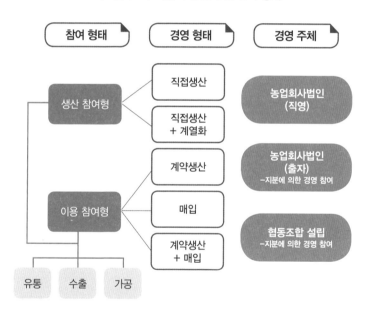

기업이 보유하고 있는 자본과 선진 경영기법을 농업 부문으로 유치·결합하여 농업의 성장 가능성을 기업의 수익모델로 전환함으로써

기업과 농업이 상생할 수 있는 협력적 사업 모형을 다수 만들어 내야 농업의 미래성장산업화의 길을 열 수가 있다.

이를 실현하기 위해서는 민간 부문 유휴자본의 농업 부문 투자유치를 위한 유인적 시책(Incentives)이 먼저 개발되어야 할 필요성이 있다. 농업생산은 자연조건에의 의존성이 높은 점 등 투자위험성(Risk)이 높은 이외에도, 농민들의 소위 골목상권 논리에 의한 거부감도 여전히 상당하기 때문이다.

그러므로 선진국 기업의 국내 투자 유치를 위한 법인세와 소득세 감면 시책을 벤치마킹하여 민간 부문의 농업 부문 투자 인센티브로 적용할 수 있어야 한다(120쪽의 '투자인센티브 사례' 참조).

정부는 저금리 시대에 마땅한 투자처를 찾지 못하고 있는 풍부한 민간자금을 끌어들여 경기회복을 유도하려는 목적으로 정부와 민간이 위험을 분담하는 위험분담형(BTO-rs: BTO-risk sharing)과 손익공유형(BTO-a: BTO-adjusted) 사업 방식을 도입하고 있다(2015.04.08. 민간투자 활성화 방안). 그러나 사업 대상 분야에 농업 분야는 쏙 빠져있는 이상한 일이 벌어지고 있다. 말로만 농업을 미래성장산업이라 치켜세우지 말고, 농업 분야에 대한 민간투자 활성화도 적극 성사시켜서 농업과 민간 부문이 상생하는 협력사업 모형을 다수 만들어내야 한다.

또한 농지의 소유권 규제에 의존하고 있는 현재의 토지제도를 개선하여 '농지의 농업목적 이용'에 초점을 맞춘 이용권 규제[29] 방향으로 농지제도를 개선함으로써 민간 부문의 농업 부문에 대한 투자활성화에 기여하도록 해야 한다.

농지의 이용권 규제로의 전환에 앞서 현행 농지법부터 우선 부분적으로 개정할 필요성이 있다. 현행 법 규정에 따르면, 농업회사법인이 농지를 소유하기 위해서는 업무집행권을 가지는 자의 1/3이 농업인이어야 한다(농지법 제2조 3호).

경자유전(耕者有田) 원칙을 제대로 구현하기 위해서는 농업회사법인의 구성에 농업인 비율을 규정할 것이 아니라, 농업생산을 주목적으로 하는 영농법인이 농지를 소유할 수 있도록 농지법을 우선 개정하는 것이 바람직하다. 다시 말하면, 영농법인의 총매출 중에서 농업생산 매출의 비중이 50%를 초과하는 법인에게 농지 소유 자격을 부여함으로써 기업의 농업 부문 투자 활성화를 유도해야 한다는 것이다.[30]

또한 농업법인의 사업 범위를 여건 변화에 따라서 계속 늘려주고 있는데,[31] 이런 방식의 규제(Positive List)에서 벗어나 농업법인이 수행해서는 안되는 사업만을 적시하는 규제(Negative List) 방식으로 전환함으로써 농업법인이 새로운 농식품과 농어촌 개발사업을 지속적으로 발굴하여 이 부문에 대한 민간기업의 투자 활성화를 유도하는 것이 바람직하다.

외국인투자 유치를 위한 투자인센티브 정책은 ① 조세지원 ② 현금지원 ③ 입지지원 등 세 분야 지원정책으로 구성됨.

1. 조세지원

일정 요건의 외국인투자에 대하여는 조세특례제한법이 정하는 바에 따라 사업소득과 기술도입대가, 근로소득 등에 대해서 법인세와 소득세 및 자본재 도입에 따른 관세를 감면하고, 감면사업을 영위하기 위하여 취득·보유하는 재산에 대하여는 조세특례제한법이 지방자치단체 조례로 위임한 바에 따라 취득세·재산세를 감면.

(1) 법인세 감면

외국인투자기업에 대한 법인세의 감면은 외국인투자비율을 적용하여 조세특례제한법상 감면 대상 사업에서 생긴 소득을 대상으로 함.
〈외투기업 조세감면 요약 - 조특법§121조의2, 조특령§116의2 등〉
① 법인세·소득세 7년간 감면(최초 5년간 100%, 다음 2년간 50%)
② 법인세·소득세 5년간 감면(최초 3년간 100%, 다음 2년간 50%)
감면기산일은 최초로 소득이 발생한 과세연도와 사업개시일로부터 5년이 되는 날이 속하는 과세연도 중 먼저 도래하는 과세연도부터 적용.

(2) 지방세(취득세·재산세) 감면

외국인투자기업이 감면 대상 사업을 영위하기 위하여 취득·보유하는 재산에 대해서는 법인세 감면기간과 동일하게 취득세·재산세를 100% 또는

50% 세액감면을 하거나 과세표준에서 공제.

사업개시일 이후에 취득한 재산에 대해서는 취득세, 재산세 모두 사업개시일부터 3~5년간은 당해 재산에 대한 산출세액에 외국인투자비율을 곱한 금액(감면 대상 세액)의 100%, 그 다음 2년간은 50%를 감면.

(3) 관세 등 면제

법인세 또는 소득세가 감면되는 사업에 직접 사용되는 다음의 자본재로서 새로이 발행하는 주식 등의 취득에 의한 외국인투자 신고에 따라 도입되는 경우 조세특례제한법에 의해 관세 등을 면제.

2. 현금지원

정부와 지방자치단체는 외국인이 국내에서 일정 요건을 만족하는 외국인투자를 하는 경우 당해 외국인투자의 고도기술 수반 여부 및 기술이전 효과, 고용창출 규모, 국내투자와의 중복 여부, 입지지역의 적정성, 지역 및 국가경제에 미치는 영향, 투자의 생존가능성 등을 고려하여 사업에 소요되는 자금을 현금으로 지원.

3. 입지지원

외국인투자를 활성화하고 유치하기 위하여 계획입지조성을 지원함. 대표적인 계획입지는 '외국인투자촉진법'에 의하여 지정하는 외국인투자지역과 '자유무역지역의 지정 및 운영에 관한 법률'에 의한 자유무역지역, '경제자유구역의 지정 및 운영에 관한 법률'에 의한 경제자유구역 등임.

농업계가 스스로 나서야 할 과제는 농업 내부에 존재하고 있는 소위 '골목상권' 논리 대신에 전체 농가의 42%를 차지하고 있는 0.5ha 이하 영세소규모 농가의 낮은 농업소득 문제를 보완하기 위하여 임금소득 향상과 일자리 창출 효과를 중시하는 방향으로 민간투자 영입적 분위기를 조성하는 일이다. 동부그룹의 화옹지구 토마토 유리온실 사업은 일부 농민단체의 골목상권 논리에 기초한 과격한 반대로 사업이 포기되었다. 그러나 이 사업의 중단으로 인근 노령농업인 60명의 일당 5만 원 일자리도 함께 중단되었다는 사실도 뼈아프게 반성해야 한다.

농민단체들이 내세우는 도·농간 소득격차 자료는 도시근로자가구소득과 농가소득을 비교한 것이다. 경영에 참여하지 않은 도시의 임금근로자가구소득보다 경영에 참여하는 농가소득이 훨씬 낮다는 사실에 비추어 볼 때, 영세경영농가에게 보다 절실한 것은 농촌 내의 좋은 일자리일 수도 있다. 또한 내수시장 위주의 농업경영을 수행하고 있을 때는 소규모 가족농 경영으로도 경쟁력이 충분했지만 전면개방 시대에서는 수출시장을 대상으로 한 전문적 기술과 경영 지식이 필요한 때이므로 기업이 보유하고 있는 자본뿐만 아니라 경영 노하우도 동반 영입하여 농업의 경쟁력을 향상시켜 나가야 농업 발전을 기대할 수 있다는 사실에 유념해야 한다.

민간 부문의 자금을 농업 부문 투자로 유치하기 위해서 필수적인 또 하나의 조건은 농업 부문의 투자수익성이 민간기업의 투자선호 기준을 충족시킬 수 있을 정도로 충분히 높아야 한다는 점이다. 이를

검증할 수 있는 중요한 지표가 자본생산성이다. 1970년부터 2010
년까지 자본생산성이 꾸준히 저하되어 2012년에는 총자본생산성은
0.29, 제조업자본생산성은 0.42, 그리고 농업자본생산성은 0.53수
준으로 떨어지고 있다. 그러나 2010년 초반(2010~2013 평균)의 농
업자본생산성(0.53)은 제조업 부문의 투자가 가장 활발하였던 1990
년 초반(1990~1993 평균)의 제조업(0.50)이나 총자본생산성(0.45)
보다는 훨씬 높다는 사실을 〈그림 5-5〉에서 확인할 수 있다.

〈그림 5-5〉 자본생산성의 산업 부문별 변화 추이(1970~2012)

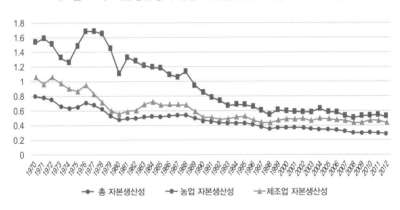

자본생산성(부가가치액/자본투입액)이 상대적으로 높은 농업 부문
에 대한 투자 확대는 새로운 블루오션(Blue ocean)으로 민간기업 부
문에도 신성장동력 확보를 위한 수익성 높은 투자 기회가 될 수 있다.
　　그러므로 유휴되고 있는 민간자본의 농업 부문 투자 확대는 수익
성이 상대적으로 높은 블루오션에 대한 투자기회 확대로 민간기업에
게도 합리적인 경영의사결정이 될 수 있다는 것이다. 또한, 민간 부문

에 축적되어 있는 마케팅과 경영능력 등 조직화 능력도 자본투입과 함께 자연스럽게 농업 부문과 결합되어 신시장을 개척하는 등 기업의 신성장동력의 확보도 기대할 수 있다. 적절한 투자처를 찾지 못하여 민간 부문에서 쌓여가는 사내유보금을 수익성 높은 농업 부문 투자로 유치함으로써 농업과 민간 부문이 상생, 협력하는 신사업 모형을 다수 만들어 내기 위해 지혜를 모아야 한다.

한류 확산의 여세를 몰아서 K-Food를 세계인의 식탁에 올리는 일은 농가의 능력만으로는 성사되기 어렵다. 그 일은 한국을 세계 제7위의 수출대국으로 만든 우리 민간 부문의 종합상사만이 가장 잘 해낼 수 있는 일이다.

파리바게뜨가 개발한 코빵(KOPAN : 코리안 빵 : 단팥크림빵)이 프랑스 파리의 파리바게뜨 매장에서 '코빵섹션'을 별도로 운영할 정도로 인기를 누리고 있다고 한다. 스위스 융프라우 정상과 히말라야 트레킹 코스 매장을 이미 정복한 농심의 '신(辛) 컵라면', 그리고 미국·중국·베트남 등 세계 15개 국으로 진출한 빙그레의 '바나나맛 우유'에 이어서 '비빔밥'을 비롯한 우리 한식이 세계인의 식탁을 채워 나가는 K-Food의 다음 주자로 나서도록 해야 한다.

비가격적인 상품경쟁력(품질, 서비스)의 강화

국제경쟁력을 향상시키는 또 하나의 방법은 비가격적인 상품경쟁력을 강화시키는 일이다. 이를 통하여, 생산요소 부존조건의 국가 간 차이 때문에 유발되는 가격경쟁력의 비교열위 상태를 효과적으로 극복할 수 있다.

각국의 생산요소 부존조건은 서로 다르다. 중국은 사회주의 체제를 유지하고 있기 때문에 농지가 모두 국유지로서 농민의 농지이용료(농업세)는 2006년부터 담배 경작지를 제외하고는 면제 상태이며, 노동력이 풍부하기 때문에 임금 수준도 우리의 1/3~1/5 수준에 불과하다. 이에 따라서 농산물생산비는 평균적으로 우리나라의 1/2~1/3 수준에 불과한 상태다. 그러므로 한국 농산물의 가격경쟁력의 크기는 일반적으로 중국의 1/2~1/3 수준에 불과하다고 할 수 있다. 그러나 비가격적인 상품경쟁력의 강화를 통하여 생산요소 부존조건의 비교열위 상태를 극복하고 있는 일이 시장에서 일어나고 있다. 한국 농산물의 품질과 서비스경쟁력은 중국의 그것보다 평균적으로 2배 이상의 수준으로 높다고 시장에서 평가되기 때문에 가격경쟁력의 비교열위에도 불구하고 중국 농산물과 시장에서 당당히 경쟁하고 있는 것이다.

M. Porter는 어떤 상품의 국제경쟁력이란 가격경쟁력, 품질경쟁력, 서비스경쟁력 및 경영 환경 등 네 가지 요소에 의해서 결정되며 이를 다이아몬드 크기로 형상화할 수 있다고 주장하였다(M. Porter. On Competition, 1989).

〈그림 5-6〉에서 만약 중국 농산물의 국제경쟁력이 원래의 다이아몬드형이라 표시한다면 이와 비교할 때 한국 농산물의 국제경쟁력은 가격경쟁력에서는 중국 농산물의 1/3~1/4수준인 a점에 있어 중국에 뒤처지지만, 품질과 서비스 등 비가격경쟁력의 크기는 중국보다 훨씬 높은 각각 c와 b 수준이므로 a b c d를 연결하면 본래의 다이아몬드 크

기(중국 농산물의 국제경쟁력 크기)에 필적하는 수준이 된다. 이 때문에 가격경쟁력의 불리함에도 불구하고 한국 농산물은 중국으로부터 수입된 농산물과의 시장경쟁에서 또는 중국 현지로 수출된 이후 값싼 현지 농산물과의 치열한 시장경쟁을 거쳐 살아남고 있는 것이다.

그러므로 우리 농산물의 국제경쟁력을 효과적으로 향상시키기 위해서는 우리 농산물의 비교열위를 개선하기 위한 가격경쟁력 향상을 위한 시책보다는 우리 농산물이 비교우위 부분인 품질과 서비스경쟁력 강화 시책에 보다 집중하는 것이 더욱 효과적일 수 있다(b→b', c→c').

〈그림 5-6〉 농산물의 비가격경쟁력의 향상과 국제경쟁력

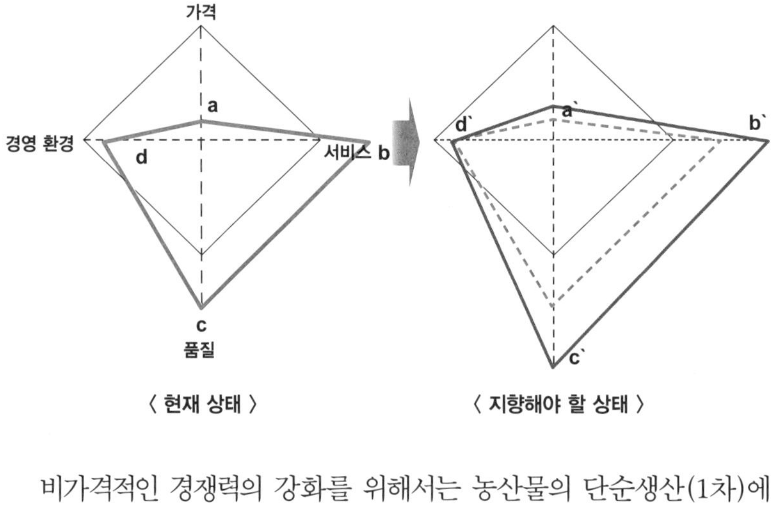

〈 현재 상태 〉　　　〈 지향해야 할 상태 〉

비가격적인 경쟁력의 강화를 위해서는 농산물의 단순생산(1차)에 주력하기보다는 가공·유통·관광 등 2, 3차산업과의 융·복합화에 의한 규모화 경영체제를 지향하는 것이 바람직하다. 이를 위해서는 민간 부문과의 상생·협력 방안의 모색이 보다 효과적이다. 생산비 절

감, 생산성 향상 등에 치중해 왔던 종래의 국제경쟁력 향상 시책을 비가격경쟁력 향상 정책으로 적극적으로 확장해야 할 때가 온 것이다.

신시장 개척 지향적인 농업경영주체의 육성

소득 증가, 고령화, 1인 가구의 증가 등으로 농식품 수요가 고급화, 편의화, 안전성 가치 추구화 방향으로 변화가 진행되고 있다. 이에 따라 불특정 다수고객 지향적인 대량유통(Mass Market) 시대로부터 목표고객 지향적인 정밀시장(Precision Market) 시대로의 진화가 진행되고 있다. 세계의 농식품 소비트렌드도 식품안전성과 건강기능성 가치 추구적으로 변화하고 있다.

예컨대, 친환경 유기농식품 세계시장은 2010년 600억 달러에서 앞으로 2030년까지 20년 동안에 1000배(60조 달러) 규모로 성장할 전망인 것이다. 소득 향상과 수명 연장에 따른 농식품 수요의 고급화와 식품안전성 가치를 보다 중시하는 경향으로의 식품선호 기준의 변화도 비가격적 경쟁력 강화를 보다 중시하는 방향으로 진화하고 있다 (그림 5-7).

〈그림 5-7〉 한국과 일본 소비자의 농식품 선택 기준 비교

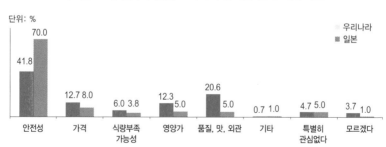

예컨대, 일본 소비자의 70%는 농식품 구매에 있어서 식품안전성을 가장 중시하고 있으며, 가격을 중시하는 소비자는 8%에 불과하다. 한국 소비자의 42%는 식품안전성을 가장 중시하며, 가격조건을 중시하는 소비자는 13%에 불과하다는 것이다. 이러한 소비트렌드의 진화는 소농경영 위주인 한국농업에 새로운 시장 확장의 기회요인으로 작용하고 있다.

문제는 농업 내부의 수요 변화 적응력이 취약하다는 점이다. 수요 변화에 대응할 수 있는 신상품을 첨단기술과의 융합 등의 방법으로 개발·유통시킬 수 있는 신농업경영주체를 확보해서 확대되고 있는 신시장에 접근할 수 있어야 하고, 이러한 신경영주체를 다수 확보할 수 있는 효과적인 시책이 강구되어야 한다는 것이다.

미국의 농업생산과 유통은 기업농 체제가 주로 담당하고 있고, 유럽에서는 협동조합 기업이 이를 담당한다. 중소농의 비중이 높고 고령화 구조가 특색인 일본은 한편으로는 기업의 농업생산과 유통 참여 확대를 유도하고, 다른 한편으로는 마을단위의 공동영농 체계 구축에 의한 규모화 경영을 적극 추진하고 있다. 소농 구조가 지배적인 중국은 농산업화 정책에 의해서 용두기업이 주도하는 생산계열화와 공소합작회사(우리의 농협 조직)에 의한 가공, 수출의 공동화에 기반한 기업화를 추진하고 있다.

한국농업도 글로벌 경영환경 변화에 적극적으로 대응할 수 있는 국제경쟁력 있는 신경영주체를 두 가지 방법(Two track approach) 즉,

농업 내의 기업농이 주도하는 방식과 농업 외부의 민간기업을 영입하여 가족농과 민간기업과의 협력적 사업 모형을 추진하는 방식 등으로 확보해 나가는 것이 바람직하다.

첫째, 농촌주민 전체를 대상으로 하여 첨단교육과 직업교육을 체계화함으로써, 글로벌 경영마인드를 함양하고, 주민의 특성별로 유형화된 경영주체를 양성한다. 일반적으로 농촌주민은 비농가 65%, 생계적 겸업농 28%, 대규모 전업농 7% 등으로 나누어지므로 각 유형에 적합한 경영주체로 육성한다.

먼저, 생계적 겸업농(영세소농, 고령농)은 농산물의 지역내 소비 촉진과 지역내 순환가치 실현을 위한 로컬푸드, 꾸러미, 직거래 사업 등의 추진 주체로 육성한다.

다음으로, 규모화된 전업농은 시장경쟁력의 강화를 위한 규격화, 브랜드화에 의한 품목별 연합마케팅사업주체로 육성한다. 비농가는 영세농, 고령농, 신규 귀농인 등과 연결하여 농촌지역의 관광 어메니티(Amenity) 자원을 활용하는 농촌관광산업 수행주체로 육성한다.

둘째, 농업 부문 투자에 참여하고 있는 민간기업의 조직화 및 마케팅 능력을 농업생산과 유통 부문으로 영입함으로써 가족농과 민간기업 간의 상생협력 모형을 개발한다.

예컨대, 중국의 용두기업(龍頭企業)형 선도기업이 계약재배 등의 방식으로 생산과 유통 전 부문에서 가족농의 조직화를 주도함으로써 규모경제의 유리성을 확보하는 사업 모형을 개발한다. 뉴질랜드 키위생산 농가들이 설립한 유통전문회사 '제스프리 인터내셔널' 모형이 이와 같은 범주에 속하는 사업 모형이다.

셋째, 협동조합형 생산 및 유통조직화를 통한 경쟁력 확보 모형이다. 네덜란드 협동조합의 채소·과일류 전문 판매회사 '그리너리(Greenery)'와 화훼류 전문 판매자회사 '알스미어(Aalsmeer)' 등이 전형적인 협동조합형 전문 판매기업이다. 이를 벤치마킹하여, 품목별 협동조합 자회사를 만드는 일을 깊이 검토할 필요가 크다.

프랑스 '브렌따뉴 청과물 위원회(CERAFEL)'에 소속된 11개 청과 협동조합의 공동마케팅 성공사례나 한국의 경기 이천시와 충북 음성군의 6개 협동조합이 결성한 '햇사레' 과일조합 공동사업법인의 연합 마케팅 성공사례가 좋은 본보기이다.

특히, 시급히 육성되어야 할 신농업경영주체는 산지의 품목별 유통조직체이다. 한국농업은 영세소농 체계가 지배적인 터에, 농업경영주의 고령화 추세까지 겹쳐져서 시장 변화에 대한 대응력이 취약하다. 특히 경영 환경의 글로벌화에 대응할 수 있는 생산·유통의 규모화와 기업화 수준이 취약하다.

품목별 유통조직화를 통한 전략적 가치는 매우 크다.

첫째, 다품목·소량생산 체제의 시장적응 한계성을 극복할 수 있다.

둘째, 식품안전성·품질 등을 중시하는 농식품 소비 행태의 변화에 대한 산지대응 능력을 강화할 수 있다.

셋째, 시장과 소비자가 원하는 품질과 수량의 상품을 생산하여 공급하는 소비자 지향적인 생산과 유통, 즉 Product-out에서 Market-in 방식으로 전환할 수 있는 능력을 향상시킨다.

넷째, 거래교섭력(Bargaining power) 강화로 농산물의 제값받기를 실현할 수 있다.

다섯째, 공동선별·공동출하·공동계산 방식을 도입함으로써 유통비용을 절감할 수 있다.

이를 위해서는 현존하고 있는 산지 조직을 품목별 유통전문 조직으로 개편, 발전시키는 전략을 선택하는 것이 현실적이다. 산지유통시설(APC)의 통합운영 체제를 구축하고, 품목별 산지유통 조직을 광역통합마케팅 조직으로 확대 개편하는 동시에, 산지 조직의 유통전문 조직화와 품목별 통합마케팅 조직 육성을 위한 대농민 현장 교육을 강화해야 한다.

특히, 유럽연합(EU)의 공동농업정책(CAP) 개혁에서 새로 도입된 생산자 조직 지원 강화 시책과 같은 지원 시책의 도입을 검토할 필요성이 크다. EU에서는 농민의 생산·유통 조직체 운영비의 50% 보조, 또는 매출액의 4.1%에 해당하는 운영비 보조 정책을 새로 도입하고 있는 것을 눈여겨 봐야 한다.

오랜 세월 동안 가족농 체제로 행해온 개별 생산·유통 체제를 하루아침에 바꾸는 것은 쉽지 않은 일이다. 그러나 현재의 영세한 생산과 유통 체계로는 내수시장 지키기에도 밀리고 있는데 어찌 수출시장 개척을 도모할 수 있겠는가? 그러므로 최소한 품목별 유통 조직이라도 우선 만들어야 하고, 정부는 농민 조직체 구성에서부터 운영에 이르기까지 가능한 한 지원을 아끼지 않아야 한다.

🍂 잃게 될 내수시장 몫(Share)을 수출시장에서 확보

농업인들은 EU·미국·중국 등 거대경제권과의 연이은 자유무역협정의 타결로 값싼 수입 농산물이 밀려들어와서 내수시장의 점유율을 점차 높여가면 우리 농산물을 팔 데(시장)가 궁극적으로 줄어지게 될 것이라고 크게 우려하고 있다. 이유가 분명한 우려다. 문제는 한국 농산물의 시장 규모가 얼마나 되고 이것이 어떻게 줄어들 것인지 하는 데 있다.

총인구에다 영양열량 자급률을 곱하면 우리 농산물의 시장 규모를 영양열량 100% 부양인구 규모로 나타낼 수가 있다.

최근 10년(2002~2012)간 한국인의 영양열량(칼로리) 자급률은 49.6%(2002)에서 41.1%로 감소해 왔다. 인구는 연평균 0.49%씩 4762만 2000명에서 5000만 4000명으로 증가해 왔는데 반해서 영양 자급률이 0.85%p씩 감소함에 따라 우리 농산물의 100% 영양열량 부양인구 규모는 2002년의 2360만 명에서 2012년에는 2050만 명으로 연평균 30만 7000명씩 감소해 왔다(표 5-2).

이로 미루어서 한국 농산물의 2015년 현재 시장 규모는 대략적으

로 인구 2000만 명을 100% 부양하는 규모라 할 수 있다(인구 5000
만 명 × 칼로리 자급률 40%의 경우).

〈표 5-2〉 최근 10년간 인구와 칼로리 자급률 변화

구분	2002	2012	연평균 변화율(%)
인구(천 명)	47,622	50,004	0.49
Cal 자급률(%)	49.6	41.1	−0.85%p
한국 농산물 시장 규모 천명(100% 부양시)	23,621	20,552	−1.38 (−307천 명)

자료: 한국농촌경제연구원(KREI), 농업전망 2014

늘어나는 수입 농산물에 의해서 연평균 30만 명씩 줄어들고 있는
한국 농산물의 생산과 시장 규모를 현 상태로 유지해나가기 위해서
는 매년 30만 명 해당 규모의 수출 신시장을 개척할 수 있어야 한다
는 계산이 나온다. 즉, 매년 6억 달러 규모의 수출 신시장을 추가 확
보할 수 있는 수출시장을 개척해야 한국농업은 현재 수준의 생산 규
모를 향후에도 유지할 수 있다. 이를 위한 핵심적 과제 중의 하나는
수출 신시장 개척 능력이 있는 신경영주체를 확보하는 일이다.

농식품 수출이 10억 달러 증가하면 농업생산은 2.4조 원 증가하고
고용은 9600명이 증대하는 파급효과가 발생하므로, 수출 증가 없이
는 한국농업의 미래성장산업화를 논의할 수도 생각할 수도 없는 일
이다.

한국 농식품 주요 수출시장은 일본 의존도가 감소하는 대신에 중
국과 아세안 수출 비중은 증가하는 방향으로 변하고 있다. 2008년

과 2013년을 비교하면, 일본시장 수출 비중은 5년 동안에 32%에서 27%로 감소하는 대신에 중국과 아세안 수출시장의 비중은 점차 커지고 있음을 알 수 있다(그림 5-8).

<그림 5-8> 한국 농식품의 주요 수출시장 점유율

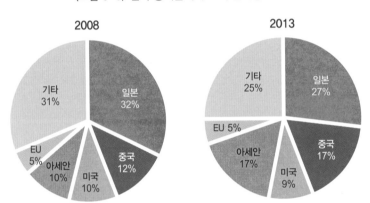

그러므로 소득 증가에 따라 급성장하고 있는 신흥시장(중국, 동남아, 중동, 할랄)을 적극 공략하는 수출 확대 전략을 강구하는 것이 바람직하다.

K-pop 등 한류 영향이 큰 젊은 층과 고소득층을 목표시장(Target Market)으로 설정하고, 한국 농산물의 프리미엄(Premium) 가치를 지속적으로 확보, 유지하기 위한 수출 전략을 선택해야 한다. 특히, 중국 수출시장 확대에 승부를 걸 필요가 있다. 중국의 농식품 수입액은 최근 3년간(2010~2013) 610억 달러에서 1008억 달러로 연평균 18%씩 증가하고 있다. 중국인의 소득 증가에 따라 고급식품 선호 추세가 확산되고 있고 자국산 농식품의 안전성에 대한 불신감 등

이유 때문에 해외 농식품에 대한 수요가 크게 늘고 있기 때문이다(그림 4-2).

그러나 중국의 수입 농식품 중에서 한국 상품의 비중은 0.72%에 불과하므로 앞으로 고품질 농식품의 중국시장 수출 증대 가능성은 대단히 높다고 할 수 있다.

농산물 수출 확대를 위한 정책 과제는 ① 수출농산물 생산기반 조성과 ② 수출 관련 주체 간 협력 체제 강화 및 ③ 수출업체가 당면하고 있는 애로요인 극복을 위한 원인대응적인 수출 지원 시책 강화 등 세 가지로 크게 나눌 수 있다.

먼저, 수출농산물 생산기반은 물적 기반과 인적 기반으로 나누어 현안 과제를 살펴 볼 수 있다. 물적 기반은 수출농산물을 전문적으로 생산하는 수출단지 조성과 수출농산물의 국내외 물류 기반 확보 문제가 핵심 과제이다. 인적 기반은 개별 농가가 생산한 농산물을 수출상품으로 변환시킬 수 있는 수출 마인드를 갖춘 전문 수출 주체를 다수 확보하는 문제가 핵심 과제이다.

농식품 수출은 수출상품 생산 주체가 생산한 상품을 수출 주체가 수출하는 두 주체 간의 업무분담 체제하에서 이루어지고 있다.

수출상품 생산 주체는 수출전업농 또는 산지유통 조직체(APC, 공선출하회) 등인데, 품목별 수출농가 조직화가 미흡하고 농가의 수출 마인드가 부족한 점 등 수출 생산기반 조성이 미흡하다.

또한 수출 주체는 종합상사나 민간 전문기업 및 농협 등인데, 목표시장별 맞춤형 수출 전략 수립과 수출업체의 수익성 보완을 위한 시책의 강구와 함께 수출 양 주체 간의 업무분담 체계를 명확히 하고, 연계와 협력을 효율화하기 위한 정부(중앙과 지방)의 지원 확대와 함께 중앙과 지방정부 간의 유기적인 협조체제 강화가 필요하다(그림 5-9).

〈그림 5-9〉 농산물 수출 확대를 위한 전략

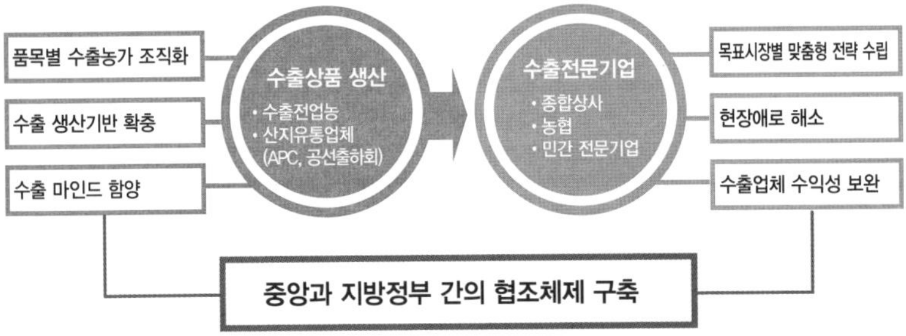

품목별 수출농가 조직화	수출상품 생산	수출전문기업	목표시장별 맞춤형 전략 수립
수출 생산기반 확충	·수출전업농 ·산지유통업체 (APC, 공선출하회)	·종합상사 ·농협 ·민간 전문기업	현장애로 해소
수출 마인드 함양			수출업체 수익성 보완

중앙과 지방정부 간의 협조체제 구축

특히, 수출업체가 당면하고 있는 애로요인을 원인대응적으로 해결할 수 있는 수출 지원 시책이 중앙과 지방정부 간의 협조체제 속에서 추진되어야 한다.

2013년 전체 농식품 수출액 78억 8000만 달러 중에서 신선농산물은 15%에 해당하는 11억 8000만 달러에 불과했다. 신선농산물은 부피와 중량이 클 뿐만 아니라 신선도 유지를 위한 물류비용이 높아서 수익성을 확보하기가 어렵기 때문이다.

특히 우리 농산물의 전략시장으로 부상하고 있는 동남아(ASEAN) 국가들은 저온저장시설이 부족하여 농산물의 신선도 유지가 어렵기 때문에 신선농산물의 수출 증가를 가로막는 중요한 애로요인이 되고 있다.

그러나 신선 및 원료농산물의 수출이 늘어야 우리 농산물 판매시장의 외연 확장이 비로소 가능해진다. 현장 수출업체들은 수출물류비 지원과 업체 간 과당경쟁 해소 및 수출업체의 자금부담 완화를 위한 지원 확대 등 당면하고 있는 애로 해소를 요구하고 있다. 그러나 보다 중요한 것은 신선농산물 수출의 낮은 수익성과 높은 물류비용을 근원적으로 절감시킬 수 있는 시책이 강구되어야 한다.

첫째, TRQ에 의한 수입물량의 수입권을 신선·원물 농산물의 수출실적과 연계시키는 방법으로 수출업체의 낮은 수익성을 보완할 수 있는 제도적 방안을 개발해야 한다. 낮은 양허관세율에 의해서 수입되는 TRQ 수입물량 수입권의 양도로 얻게되는 수익으로 신선농산물의 수출로 인한 높은 비용을 상쇄시켜 주는 제도적 지원 방안이 뒷받침되어야 특히 신시장 개척을 통한 수출 확대가 가능해질 것이기 때문이다.

둘째, 농산물 전용 수출물류센터를 국내외에 확보해야 한다. 평택, 광양 등 중국과 가까운 항구에 수출농산물 전시·상담센터와 함께 저온저장시설을 설치, 운영하고 수출국 현지에도 국가별로 신선농산물 수출전진기지[32]를 구축하는 등 수출인프라를 확충해야 한다.

평균적 지원 방식을 농가 유형별 맞춤형 지원 방식으로 전환

평균적이고 현상유지 지향적인 현행의 농가 지원 방식을 농가 유형별로 설계된 성장 지향적인 맞춤형 지원 방식으로 전환해야 정책 효과성의 향상을 기대할 수 있다. 이를 위해서 먼저 한국 농가의 특징에 따른 정부 지원의 차별화 필요성부터 살펴보자 한국 농가는 호당 경영 규모가 2013년 현재 1.5ha에 불과하고, 전업 농가(53.2%)와 겸업농가(46.8%)로 양분되어 있다. 전업농가의 비중은 10년 전(2003)보다 10%p 줄어들었다. 반면에 겸업농가는 2종겸업농가 (농업수입이 50% 미만 농가)를 중심으로 10%p 증가했다.

호당 0.5ha 미만의 영세농가가 전체농가 중에서 차지하는 비중은 1970년 31.7%에서 1990년 27.3.%로 줄어들다가 2000년 32.1%, 2013년 41.6%로 지속적으로 증가했다. 이에 따라서 호당 1ha 미만의 영세소농이 전체농가 중에서 차지하는 비중은 1970년 64.9%에서 1990년에는 58.1%로 줄어들었으나 2000년에는 59.2%, 2013년에는 65.1%로 증가하고 있다. 전체농가는 지속적으로 감소하고 있으나 영세소농의 수는 2000년대 들어서 오히려 증가하고 있기 때문에 영세소농의 비중이 증가하고 있다. 0.5ha 미만의 영세농가가 전체농가 중에서 차지하는 비중은 1990년 27.7%에서 2000년 32.1%, 2010년 40.6%, 2013년 41.9%로 지속적으로 증가하고 있다.

전업농가의 비율은 1975년 80.6%에서 2000년 65.2%, 2013년 53.2%로 감소하고 있는 반면에, 겸업농가의 비중은 1970년 32.3%에서 1990년 40.4%, 2013년 46.8%로 증가하는 추세이다.

농가인구는 1990년 666만 명에서 2000년 403만 명, 2013년 285만 명으로 연평균 3.63%씩 감소해 왔는데 2013년 현재 전체 농가인구 중에서 60세 이상의 노령층 인구는 47.8%, 65세 이상의 고령층 인구는 37.3%를 차지하고 있다. 반면에 20세 이하의 청년층 인구는 2013년 현재 전체 농가인구의 11%, 그리고 20~49세의 청·장년층 인구는 21%에 불과하다. 60세 이상의 노령경영주가 차지하는 비중은 1995년 42.3%

에서 2013년에는 67.3%로 증가한 대신에, 40대 이하 젊은 경영주 비중은 1995년 27.9%에서 2013년에는 9.3%로 감소하고 있다.

이상의 분석에서 본 바와 같이 한국농업은 영세소농이 전체농가 중에서 차지하는 비중이 42%로 높고, 겸업농가의 비중이 전업농가의 그것에 육박할 만큼 증가하고 있으며, 60대 이상의 경영주 비중이 증가하는 대신에 40대 이하의 젊은 경영주의 비중은 감소하고 있다.

한편, 농가소득은 1995년 2180만 3000원에서 2013년 3452만 4000원으로 연평균 2.59%씩 지속 성장해 왔으나, 이 중 농업소득은 1995년 1046만 9000원에서 2013년 1003만 5000원으로 정체 내지 감소함으로써 농업소득이 전체 농가소득에서 차지하는 비중은 1995년 48.0%에서 2005년 38.7%, 2013년 29.1%로 낮아지고 있다. 반면에, 농업외소득은 1995년 693만 1000원에서 2013년 1570만 5000원으로 연평균 4.7%, 이전소득은 1995년 440만 3000원에서 2013년 584만 4000원으로 연평균 1.6%씩 증가해왔다(그림 5-10).

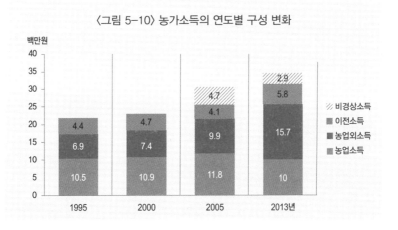

〈그림 5-10〉 농가소득의 연도별 구성 변화

앞에서 살펴본 농가의 특징과 농가소득 구성의 특징을 기초로 하여 농가의 유형화에 따른 정부 지원 방식을 차별화할 수 있어야 정책의 효과성이 제고될 수 있다. 현상유지를 목표로 하는 전 농가, 전 품목 대상의 평균적 지원 정책의 시행으로는 농업 위축 추세의 탈출 및 정책의 효과성과 신뢰성 확보를 기대할 수 없기 때문이다. 이를 위해서는 농가의 경영 실태와 소득 구성 및 농가의 부존자원과 농산물 수요 환경의 변화에 적응할 수 있는 유형별 농가 경영개선과 소득 지원 모형을 개발·선택하는 것이 필요하다.

농업소득 계층별로 정책 목표와 추진 전략을 유형화하여 유형별로 차별적인 추진 체계를 예시적으로 제시하면 다음과 같다.

첫째, 연간 500만 원 미만의 농업소득 실현 농가는 농외소득 향상을 주된 목표로 하여 일자리 창출을 위한 선도기업농의 계열 농가로 편입하거나 지역사회의 사회적기업 참여 농가로 편입한다. 여기에서 제외 또는 탈락된 농가는 차별적인 복지향상 정책의 대상 농가군에 편입시킨다.

둘째, 연간 500만~1000만 원 농업소득 실현 농가는 농촌진흥청의 강소농 육성 정책 대상 농가로 편입시켜서 자조·자생적인 경영 능력을 강화시킨다. 이들 농가는 정부의 소득보전과 경영안정화 정책 대상 농가로 편입시킨다.

셋째, 연간 5000만 원 이상 판매농가 8만 호는 경영효율화와 경영안정화 대상 농가로 편입하고, 선도적인 기업농가로 육성한다. 시설 현대화사업 지원 대상으로서 경쟁력 강화 정책 대상으로 편입·육성하되, 소득보전직불금 지원 대상에서는 제외하는 대신에 수익보장보험 등 경영안정화 정책 대상으로 편입시킨다.

선도적인 기업농가들을 수혜 대상으로 하는 투자사업비 금리보전 특별자금을 현행의 농업체질강화사업 예산[33]의 10% 범위에서 매년 확보하여(3000억 원 내외) 시설현대화사업 등에 소요되는 투자사업비 소요금리를 일정 기간(5~10년) 동안 보전함으로써 선도농가들의 시설현대화사업을 촉진, 국제경쟁력을 강화하고 한국농업의 대표선수로 육성한다.

농업직불금제도의 혁신적 개선

세계무역기구(WTO)의 출범(1995)으로 농산물 시장개방이 본격적으로 진행되었다. 농산물 가격을 왜곡시키는 각국의 시장가격지지 정책은 수출보조금과 함께 우선적으로 감축시키기로 합의하였다. 이를 대신하여 농가소득 지원 및 농업의 공공재(公共財) 생산적인 기능에 대한 보상정책 차원에서 다양한 직접지불제도(Direct payment)가 각국 농정의 주요 정책수단으로 선택되었다. 직불제는 기존의 가격지지 정책의 후퇴에 대신하여 농가의 소득 감소분을 현금으로 직접 지원하는 제도와 농업·농촌이 공급하는 공익적인 다원적 기능(Multi-functionality)에 대해서 농가에게 현금으로 보상지원하는 제도 등 크게 두 가지 형태로 나뉘어 추진되었다.

우리나라 정부가 2015년 현재 도입·시행하고 있는 직불제 종류와 도입 연도는 다음과 같다.

경영이양직불제(1997), 친환경농업직불제(1999), 조건불리지역직불제, FTA피해보전직불제, FTA폐업지원직불제(2004), 경관보전직불제, 쌀소득보전직불제(2005), 밭농업직불제(2014) 등이다. 이 중에서 쌀소득보전직불제는 고정직불제와 변동직불제로 나뉜다. 각 직불제의 운영을 위한 예산 규모는 해마다 다르므로 5년간(2008~2012) 평균 예산액을 제시한 선행연구 결과를 인용하여 직불제 소요 예산 규모를 가늠하면 다음과 같다.

쌀소득보전직불제의 전체 직불제 예산에서 차지하는 점유비중이 고정직불과 변동직불을 합쳐서 77.3%를 차지하고 있을 정도로 압도적으로 높고, 그 다음은 밭농업직불제와 경영이양직불제(각각 4.5%), FTA피해보전직불제(3.5%), FTA폐업지원직불제(3.4%), 친환경축산직불제(3.0%) 등의 순이었다(표 5-3).

〈표 5-3〉 현행 직불금 제도 소요 예산(5개년 평균치: 2008~2012)

현행 제도	소요 예산(억 원)	비중(%)
쌀 소득 등 보전(고정직불제)	6646	47.8
쌀 소득 등 보전(변동직불제)	4114	29.5
FTA피해보전직불제	500	3.5
밭농업직불제	624	4.5
친환경농업·축산직불제	418	3
경관보전직불제	99	0.7
FTA폐원지원직불제	480	3.4
조건불리지역직불제	402	2.9
경영이양직불제	625	4.5
합계	1조 3908	

자료: 강마야 외, 농업직불금제도개선방안, 충청남도, 2014.1

　　　　　　　　　| 구원투수로 농업 세워라 |

현행 직불금 제도의 운영에 대해서 그동안 제기되어 왔던 문제점을 요약하면 다음과 같다.

먼저, 쌀 소득 등 보전직불제는 목표가격의 현실화 요구가 계속되는 가운데, 소득안정화 효과가 미흡하다는 비판에 직면하고 있다. 또한 생산과잉으로 인한 쌀가격 하락 등 가격의 생산조정 기능을 약화시켜서 재고과잉 현상을 조장하고 있는가 하면, 재배면적을 기준으로 하여 직불금 규모가 결정되므로 대농에게 보다 유리한 제도라는 비판도 계속되어 왔다.

다음으로, FTA피해보전직불제와 FTA폐업지원직불제는 현실을 고려하지 않은 발동기준 및 피해액을 산정하는 관행과 농가 의견이 적절히 반영되지 않은 직불금 지급 규모 등으로 비판이 계속되어 왔으며, 취약한 사후관리 프로그램으로 수혜자의 도덕적 해이(Moral hazard) 문제까지 거론되고 있다.

경영이양직불제에 대해서는 인위적인 농촌인력 정리에 따른 사회적 손실을 지적하는 의견이 초기부터 제기되었으며, 고령농 은퇴 후 사회적 보장장치의 미흡과 함께 실질적인 소득보전 효과 미흡이 아울러 지적되고 있다.

가장 최근에 도입한 밭농업직불제에 대해서는 지나치게 제한된 품목을 설정했다는 점과 중복수혜 불가로 지원 대상이 제한된다는 점 그리고 적은 예산 규모로 정책의 혜택 체감도가 낮다는 점 등이 지적되고 있다.

한국의 직불금 제도는 다음과 같은 중요한 몇 가지 이유로 인해서 혁신적인 제도 개선이 불가피하다.

첫째, 선진국에 비해서 한국의 직불금 규모가 너무 작기 때문에 직불금으로 가격지지 정책에 대신하여 농가소득 문제가 해결되기를 기대하기는 어렵다.

2010년도를 기준으로 하여 농가소득 대비 직불금 규모는 우리나라가 3.9%인데, 일본은 11.2%, 스위스는 59.5%, EU는 32.1%로 직불금의 국가 간 격차가 지나치게 벌어져 있다. 이러한 격차는 농림어업 GDP 대비 직불금 비중과 농정예산 대비 직불금 비중의 현저한 차이 때문에 유발되고 있으므로 소득보전 목적의 직불제 예산을 획기적으로 증가시켜야 한다는 현안 과제가 주어져 있다(표 5-4).

〈표 5-4〉 국가별 농업직불금 제도 비교(2010)

구분	단위	한국	일본	스위스	유럽연합(EU)
농업직불금 제도 수	개	10	7	2	3
국가예산 대비 농정예산 비중	%	6.0	1.3	2.0	42.1
농림어업GDP 대비 직불금 비중	%	5.4	12.5	47.2	14.2
농정예산 대비 직불예산 비중	%	10.2	34.6	76.4	73.1
농가소득 대비 직불금 비중	%	3.9	11.2	59.5	32.1
1인당 직불금 규모	$	412.4	3,250.5	7,626.8	2,342.7

자료: 강마야 외, 농업직불금제도개선방안, 충청남도, 2014.01

| 구원투수로 농업 세워라 |

둘째, 현행의 직불제는 쌀 한 품목에 직불제 예산의 77%가 소요되는 등 지나친 품목 편중 구조를 보이고 있는 가운데 나머지 직불제도 품목별 개방대응 대책사업 위주로 구성되어 있다. 이 때문에 선진국에서 역점사업으로 진행하고 있는 농업의 환경보전 등 공익적인 다원적 기능 유지와 농업의 지속가능성과 성장을 위한 기반 조성 등에 대한 정책적 관심을 반영하는 사회적 투자가 지나치게 부족하다는 비판에 직면해 있다.

현행의 직불제하에서 농업·농촌의 다원적 기능에 대한 보상 성격의 경관보전직불제는 전체 직불예산의 0.7%, 조건불리지역직불제는 2.9% 등에 불과한 점 등이 좋은 예이다.

셋째, 총 10개의 서로 다른 직불제 운영을 위한 각각의 예산과 운영 기준 및 법률을 보유하고 있기 때문에 시행 체계의 복잡성, 수혜자의 도덕적 해이 등 제도 시행의 부작용이 발생하고 있다. 또한 쌀 변동 직불제는 벼 재배 의무를 전제조건으로 하여 생산과 연계되고 있으므로 감축대상 보조인 동시에 쌀의 과잉생산 구조를 완화하는데 한계가 있기도 하다.

농업 선진국들도 그동안의 제도 시행의 경험을 바탕으로 직불제 개편에 다투어 나서고 있다. EU(유럽연합)는 2014년 기존 직불금 제도를 농업의 다기능성에 대한 보상과 성장잠재력 확대에 초점을 맞추어서 개편하였다. 즉, 기존의 단일직불·농업환경직불·조건불리직불 등

3대 직불제도를 기본직불(기존의 단일직불로 품목별 지불단가 축소)과 조건불리지역직불로 계승시키는 외에 농업환경직불을 녹색직불과 소농직불로 나누고, 농업의 성장잠재력 강화를 위해서 젊은농민직불제와 품목연계직불제를 새로 추가하였다(그림 5-11).

〈그림 5-11〉 유럽연합의 직불제도 개편(2014)

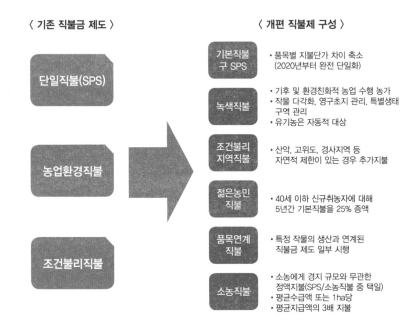

일본도 농업직불금 제도 개편에 2014년부터 나서고 있다. 쌀 직불제를 단계적으로 폐지하는 대신에 쌀소득보상직불제와 밭작물소득보상직불제를 호별소득보상제도와 수입보전직불제 등의 경영안정형직불제로 통합하고, 환경보전형직불제와 농지·물보전관리직불제 및 중산간지역직불제 등을 공익형직불제로 통합함으로써 산업정책으로

서의 농업정책을 지역정책으로서 농업정책으로 전환하였다. 또한 농업소득보전이란 소득보상적 성격의 직불제를 농업·농촌의 공익적인 다원적 기능에 대한 보상적 성격의 직불제로 전환시키는 획기적인 농업직불제 정책의 개편이 진행되고 있는 것이다.

미국의 농업정책 기본방향과 농가소득 지원정책을 구체적으로 규정하는 미국의 농업법(Farm Bill)은 약 5년 주기로 개정되고 있는데 2014년 개정된 농업법에서는 직접지불제가 폐지되고 소득보전 프로그램이 통합되는 등 큰 변화가 있었다. 밀, 옥수수, 보리, 수수, 귀리, 목화, 쌀, 콩 등 주요 품목의 생산농가에게 농산물가격이나 생산량에 관계없이 보조금을 지급하는 매년 50억 달러에 달하는 고정직불제(Direct payment)에 대한 부정적 여론이 높아짐에 따라 고정직불제(경기변동대응직불(ccp), 수입보전직불제(ACRE) 포함)는 가격손실보상(Price Loss Coverage)과 수입손실보상(Agriculture Risk Coverage)제도 및 농가가 비용을 직접 분담하는 작물보험을 도입하는 등의 큰 변화가 이루어졌다. 개정된 2014년 농업법은 2018년까지 유효한데 납세자의 부담을 줄이는 대신에 농가가 비용을 분담하는 제도로 전환을 지향하고 있다는 점이 큰 특징이다.

한국의 직불제도 농가의 정책 만족도를 향상시키는 동시에 직불제에 대한 대국민 설득력을 확보하는 방향으로 개편해야 할 때가 왔다. 서로 다른 목적과 예산 및 운영 기준을 가지고 있는 10개의 직불제를 통합하여 가격지지를 위한 정책수단 대신에 농가소득보전을 위해서 도입된 직불제도 도입의 당초 목적의 충실화부터 이루어져야 한다. 이를 위하여 품목별 개방피해보전직불제에서 농가의 최소소득보장직불제로 통합하고 직불예산을 확대하는 것이 바람직하다. 특히, 탈생산적 지역정책수단으로의 농정 전환이라는 시대적 조류에 맞춰서 농업의 공공재(公共財) 생산적인 다원적 기능에 대한 국민경제적 대가지불정책으로서의 위상을 확립하고 국민적 합의를 바탕으로 직불제 운영을 위한 예산을 안정적으로 확보해 나가야 한다.

우리나라의 직불제는 다음의 세 가지 큰 축으로 통합·발전시켜나가는 것이 바람직하다(그림 5-12).

① 식량의 안정적인 공급을 담보하는 농업의 성장산업화지원직불제
② 자연환경과 농촌경관의 보전, 유지관리를 위한 생태경관직불제
③ 활력 있는 농촌지역 만들기와 일자리 창출을 위한 농촌활력화직불제

〈그림 5-12〉 우리나라 직불제 개편의 바람직한 방향

직불제 영역	목표	정책 프로그램
제1축(농업) 성장농업화직불	식량자급률 제고 후계인력 육성 생산기반 현대화	식량자급률 향상 프로그램 젊은 농부 육성 프로그램 시설현대화 프로그램
제2축(환경) 생태·경관직불	농업생태계 유지 농촌경관 보전	환경친화적 농업활동 지원 경관/자연보전활동 지원
제3축(농촌) 농촌활력화직불	지역 균형 발전 농촌주민의 삶의 질 향상과 일자리 창출	농촌공동체 활동 지원 농촌사회서비스 개선 지원 최소소득 보장 프로그램

게임 규칙을 바꿔야 한다.

이솝 우화에 나오는 토끼와 거북이의 경주 결과는 누구나 알고 있듯이, 거북이가 승리했다. 경기가 끝난 뒤에는 어찌 되었을까? 잠에서 깨어난 토끼가 경기에서 진 것이 분해서 펄펄 뛰면서 거북이에게 "한 번 더 하자"라고 끈질기게 졸랐다. 토끼가 잘하는 달리기 경기에서 도저히 이길 수 없는 경기를 승리로 이끈 거북이의 선택은 어떠했을까?

토끼의 도전을 거부했을까? 아니면 도전을 받아들였을까?

놀랍게도 거북이는 토끼의 도전을 받아들였다. 단지 게임의 규칙을 바꾸자는 조건을 내걸었다. 지난 번 게임은 토끼가 잘하는 달리기 게임이었지만, 새로 하게 될 게임은 거북이가 잘하는 수영 게임으로 하자는 조건이었다. 물론 토끼는 지는 게임에 나설 수 없다면서 출전을 포기했고, 거북이의 승리는 변함없이 지켜졌다.

이길 수 없을 줄 뻔히 알면서도 체면 때문에 경기에 나설 수는 없다. 그렇다고 경기를 거부할 수도 없는 입장이라면, 경기에 임하기 전에 경기 규칙을 바꾸자고 요구하는 거북이의 지혜를 한국농업이 배워야 한다. 농산물의 글로벌 경쟁에서 소농체제로는 도저히 버텨나갈 수가 없다면 경기 규칙을 바꾸고 선수 구성을 여건 변화에 적응하는 방향으로 새롭게 바꿔야 한다.

한국농업은 내수시장 판매를 목적으로 하여 식량작물 생산 중심에서 축산물, 채소, 과일 생산으로 생산이 다양화되었다. 1960년대의 식량작물 생산액은 농업 전체 생산액의 80%대를 차지했으나 이후 점차 낮아져서 1990년대에는 30%대로, 그리고 2010년대에 들어서는 20%대로 떨어졌다. 반면에 축산은 1960년대의 5% 수준에서 2010년대에는 40% 수준으로, 채소는 4% 수준에서 20% 수준으로, 그리고 과일은 1% 수준에서 10% 수준으로 증가하였다.

식량작물 중심 농업에서 축산과 채소 및 과일류 등으로 생산이 다양화되면서, 국민 1인당 농산물 소비량도 크게 변했다. 40여 년 동안 (1970~2013)에 곡물 소비량과 쌀 소비량은 절반 수준으로 줄어들었다. 그러나 채소 소비량은 3배로 늘어났고, 특히 양파 소비량은 19배로 늘어났다. 과일 소비량 역시 5배로 늘어났고, 육류 소비량은 8배 수준으로 늘었다. 곡물 소비량의 감소 추세에 따라서 곡물 재배면적은 1970년도의 38.5%수준으로 줄어들었고, 특히 보리 재배면적은 4%수준으로 격감했다. 그러나 채소류 재배면적 중에서 배추, 무는 절반 이하 수준으로 줄어든 대신에 마늘은 1.9배, 양파는 5배, 고추는 1.2배 수준으로 늘어났다. 국내 육류 생산량은 9.6배로 증가한 가운데 돼지고기와 닭고기 국내 생산량은 10배 이상 증가했다(표 5-5).

생산이 늘어난 채소류와 축산물(육류)은 수입도 동시에 늘어나서 과잉생산→가격폭락의 위험성에 항시 노출되어 있다.

먼저 양념채소류 중에서 최근 5년간 평균적으로 고추는 수요량의 거의 절반(44.8%)을 수입에 의존하고 있다. 그리고 마늘은 11.2%, 양파는 3.4%를 수입에 의존하고 있다. 특히, 수입 의존도가 높은 고추는 2015년에 들어서 재배면적과 생산량이 줄었는데도 불구하고

<표 5-5> 농축산물 생산 규모와 소비량의 변화(1970∼2013)

구분	1970년		2013년		증감률(2013/1970)	
	1인당 소비량(kg)	재배면적 (천ha)	1인당 소비량(kg)	재배면적 (천ha)	소비량 (배)	재배규모 (%)
곡물	219.4	2,699	119.4	1,040	0.54	38.5
쌀	136.4	1,203	67.2	833	0.49	69.2
보리쌀	37.3	833	1.3	33.6	0.03	4.0
밀	26.1		32.3		1.24	
콩	5.3	358	8.0	96	1.51	26.8
채소	59.9	258	170.0	252	2.84	97.7
배추	19.8	71	56.2	32	2.84	45.1
무	19.0	66	26.2	22	1.38	33.3
마늘	1.5	15	9.1	29	6.07	193.3
고추	1.2	37	5.7	45	4.75	121.6
양파	1.9	4.0	27.0	20	19.47	500.0
과일	13.1	60	63.2	161	4.82	268.3
		국내생산 (천톤)		국내생산 (천톤)		
육류	5.2	165	42.7	1,586	8.21	961.2
쇠고기	1.2	37	10.3	260	8.58	702.7
돼지고기	2.6	83	20.9	853	8.04	1,027.7
닭고기	1.4	45	11.5	473	8.21	1,051.1

자료: 농식품부. 농림축산식품 통계연보. 2014

산지가격이 떨어지고 있다. 이에 대응하여 정부는 햇건고추 7000톤을 2015년에 수매, 비축한다고 한다. 생산량이 줄면 가격이 오르는 게 수요·공급법칙인데, 이 경제학의 기본 원칙이 어긋나고 있다. 그 이유는 중국산 냉동고추의 수입이 빠르게 늘어나면서 국내산 건고추

값이 폭락하고 있기 때문이다(표 5-6).

〈표 5-6〉 양념채소류의 생산과 수입량 추이(2009~2013)

연도	고추(천톤)			마늘(천톤)			양파(천톤)		
	수요량	생산	수입(이월)	수요량	생산	수입(이월)	수요량	생산	수입(이월)
2009	186	117	69	392	357	32(3)	1,398	1,372	26
2010	187	95	91(1)	354	272	82	1,451	1,412	39
2011	139	77	62(3)	382	295	87	1,552	1,520	32
2012	199	104	94(1)	389	339	50	1,292	1,196	96
2013	215	118	95(2)	464	412	52	1,341	1,294	47
평균	185.2	102.2	82.2	396.2	335	68.6	1,406.8	1,358.8	48
비율	100.0	55.2	44.8	100.0	88.8	11.2	100.0	96.6	3.4

자료: 농식품부. 농림축산식품 통계연보. 2014. / * ( )는 이월량임.

이러한 현상은 고추에만 국한되지 않고, 전체 밭작물 농사에서 거의 매년 반복적으로 일어나고 있다. 또한 축산물에서도 최근 들어서 가격하락 현상이 두드러지고 있다.

최근 4년간 국내 생산량이 연평균 7.05%씩 증가하고 있는 쇠고기 총공급량 중에서 수입 쇠고기가 점유하고 있는 비중은 5년 평균 53.3%이다. 돼지고기 생산량은 최근 4년간 연평균 4.26%씩 증가했는데, 돼지고기 총공급량 중에서 수입 고기가 차지하는 비중은 5년 평균 33.3%이다. 닭고기 생산량은 최근 4년간 연평균 3.7%씩 증가했는데, 닭고기 총공급량 중에서 수입 닭고기가 차지하는 비중은 19.6%로 육류 중에서 가장 낮다(표 5-7).

〈표 5-7〉 축산물(육류)의 생산량과 수입량 추이(2009~2013)

연도	쇠고기(천톤)			돼지고기(천톤)			닭고기(천톤)		
	총공급량	생산량	수입량	총공급량	생산량	수입량	총공급량	생산량	수입량
2009	396	198	198	1,201	722	479	472	409	63
2010	431	186	245	1,288	764	524	528	436	92
2011	505	216	289	944	574	370	587	456	131
2012	488	234	254	1,025	750	275	595	464	131
2013	517	260	257	1,038	853	185	600	473	127
5년 평균	467	218	249	1,099	733	366	556	447	109
비율(%)	100.0	46.7	53.3	100.0	66.7	33.3	100.0	80.4	19.6
연평균 증가율(%)	6.89	7.05	6.74	-3.58	4.26	-21.17	6.18	3.70	19.15

자료: 농식품부, 농림축산식품 통계연보. 2014.

최근 10년간(2003~2013) 쇠고기 가격은 연평균 3.67%씩 하락하는 추세를 보여 왔다. 그러나 돼지고기와 닭고기는 각각 연평균 4.89%와 9.15%씩 상승했다. 그러나 2010년 이후부터는 닭고기 소비자가격은 정체상태이지만 쇠고기와 돼지고기 소비자가격은 동시에 하락하는 추세를 보이고 있다. 축산물 가격이 최근 들어서 정체 내지 하락하는 경향을 보이는 이유는 주요 축산물 수출국인 EU, 미국 등지와의 FTA 체결의 영향으로 수입 육류 가격이 우리 축산물의 천정가격(ceiling price) 역할을 함에 따라 육류 가격이 수입 가격 이하 수준에서 형성되는 경향이 강해졌기 때문이다(그림 5-13).

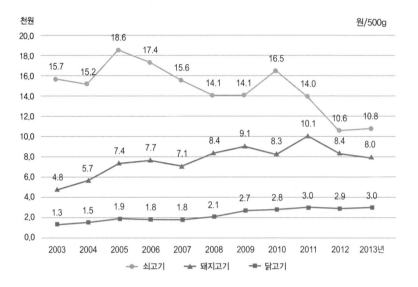

〈그림 5-13〉 육류 소비자가격 추이(2003~2013)

산지 쌀값은 생산비의 증가에도 불구하고 최근 10년간 16만원/80
㎏ 수준을 맴돌고 있다. 생산 감소량보다 소비 감소량이 더 커서 매
년 초과공급량이 발생하고 있기 때문이다. 여기에다 쌀 관세화개방
유예 대가로 양허관세율(5%)에 의해서 도입되는 의무수입 물량 40만
9000톤도 재고부담으로 작용하고 있기 때문이다(그림 1-3).

생산이 늘어난 채소류 등 밭농사 작물 가격도 최근 들어 떨어지고
있다. 이 뿐인가? 축산물(육류) 값도 2010년 이후에는 완연한 하락
추세를 보이고 있다.

왜 이런 일이 일어나고 있는가? 이유는 단 하나다. 수입 농산물의
국내도착가격이 관세율의 감축에 의해서 매년 낮아져서 값이 싸진 해

| 구원투수로 농업 세워라 |

외 농산물이 밀려들어오기 때문이다. 농산물 가격이 떨어지면 농가소득은 줄어들게 되고, 농가들은 수지가 맞지 않은 농사 규모를 줄이거나 포기하게 된다. 쌀농사뿐만 아니라 밭농사도, 축산도 피할 수 없는 위축의 경로로 들어서고 있다. 어떻게 이 위기를 벗어날 수 있을 것인가?

이제는 게임의 규칙을 바꿔야 한다. 선수 구성도 달리해야 한다. 한국농업은 가족노동력에 의존하는 소농적 생산 체제의 틀 속에서 생산된 농산물을 인근의 도시 등 내수시장에 내다팔면서 오랫동안 비슷한 행태를 유지해 왔다. 그러나 급속한 경제성장 과정을 거치면서 한국농업의 중심적인 경영주체였던 가족농 체제는 젊은이의 이농(離農)으로 점차 소규모화되고 노령화되었다.[34] 21세기에 접어들면서 농산물 시장개방의 폭이 점차 확대되면서 값싼 해외 농산물은 가족농이 장악하고 있던 내수시장을 야금야금 잠식하더니 이제는 전 농축산물의 과잉생산 및 과잉재고로 인한 가격하락 현상이 보편화되는 지경에까지 이르고 있다.

최소한 해외 농산물의 공세에 밀려서 내준 내수시장의 몫(Share)만큼이라도 수출 신시장에 내다 팔 수 있어야 과잉재고로 인한 피해를 막을 수 있을 뿐만 아니라 농업의 밝은 내일도 기약할 수 있다. 그러나 주어진 내수시장을 지키기도 힘든 소규모화되고 노령화된 가족농 체제로는 수출시장 개척이란 언감생심 꿈꾸기도 어렵다.

그러므로 게임의 규칙을 확 바꾸어야 최소한 더 이상 밀리지 않고 승리할 수 있는 길을 찾을 수 있다. 내수시장 지향적인 농업경영 체제를 수출시장 지향적으로 바꿔야 한다. 선수 구성도 바꿔야 한다. 개별 가족농 대신에 품목별 생산조직을 육성해서 전문수출기업과 연계시켜야 한다. 정부의 지원 방식도 개별 농가를 대상으로 하는 지원방식을 줄이고, 지역별·품목별 생산조직을 지원하는 방식으로 전환해야 한다.

우리나라의 농가 수는 1970년 248만 3000호에서 2013년에는 114만 2000호로 40여 년 만에 절반 이하 수준으로 줄어들었고, 총가구 중에서 농가가 차지하는 비중도 42.4%에서 6.3%로 1/7수준으로 줄어들었다.

가족농이 생산한 농산물은 해외 농산물과의 시장경쟁에서 밀려서 내수시장에서 차지하고 있는 몫(Share)이 차츰 줄어들고 있다. 그렇다면 가족농은 누구와 시장에서 경쟁하고 있는가?

수입 농산물은 미국 농가 또는 중국 농가가 생산하는 건 맞다. 그러나 이들이 생산한 농산물을 수집해서 표준화, 저장, 포장, 운송, 통관, 유통시키는 경제주체는 해외 농가가 아니라 해외 무역회사를 비롯한 해외의 유통전문 기업이다.

가족농과 전문 유통기업 간의 경쟁 결과는 뻔하다. 시간의 차이는 있겠지만 가족농의 백전백패로 귀결나게 되어있다. 농산물 시장이 개방되어 교역자유화가 진행되면서 경쟁력이 떨어지는 가족농은 범세계적으로 해체가 진행되고 있다.

제66차 유엔총회는 2014년을 '가족농업의 해(International Year of Family farming'로 정했다. 가족농의 중요성을 UN이 나서서 강조한 이면에는 역설적으로 글로벌 경쟁 과정에서 가족농이 사라질 수도 있다는 우려가 반영된 것은 혹시 아닐까?

질 수밖에 없는 경기, 또는 질 것이 뻔한 경기에 나설 수밖에 없다면 객관적인 경험 자료를 토대로 하여 경기의 규칙을 바꾸도록 해야 한다. 그리고 이길 수 있는 체제로 선수 구성을 변화시켜야 한다.

chapter 6

농업을
앞장세우자

농업을
앞장세우자

이 땅에서 오늘을 사는 국민들에게 주어진 사명이 있다. 하나는 엄습하고 있는 경제 위기를 극복하여 선진국 진입을 실현시키는 일이다. 또 하나는 한반도 통일을 이뤄내는 일이다.

엄청나게 중차대한 이 두 가지 일은 서로 다른 것 같지만 결국 같은 일이다. 경제 위기를 극복해야만 통일 전후의 비용을 마련할 수 있을 것이고, 통일을 이뤄내야만 새로운 '한강의 기적'을 다시 일구어 한민족 번영의 역사적인 길을 열 수 있을 것이기 때문이다.

농업을 앞장세워 경제 위기 극복하자

경제의 산업화와 정치의 민주화를 동시에 성공시킨 놀라운 나라, 대한민국이 선진국의 문턱에서 비틀거리고 있다. 세계 경제의 침체와 중국 경제의 성장세 둔화 등의 영향으로 우리 경제성장을 이끌어왔던 수출의 성장기여도가 2014년 하반기부터 2015년 상반기 동안 4분기 연속 마이너스(-)를 기록했다고 한다. 민간소비도 위축되어 내수시장의 성장기여도마저 1%대 이하 수준으로 낮아지고 있다고 한다. 이에 따라서 2015년의 경제성장률이 2%대 후반으로 떨어질 것으로 내다보는 전망치도 속출하고 있다. 이 뿐만 아니다. 이러한 저성장 추세가 앞으로도 이어져서 '일본의 잃어버린 20년'을 우리 경제가 그대로 답습하게 될 것으로 우려하는 견해마저 커지고 있다.

물론 1990년대의 일본과 현재의 대한민국이 처한 정치, 경제적인 여건 간에는 분명한 차이가 있다. 그러나 산업생산과 소비의 침체가 이어지고 있으며, 사회복지 비용이 증가하면서 경제가 활력을 잃고 있는 것이 일본의 장기 침체 시와 거의 닮은꼴이다. 부실기업이 전체 기업 자산에서 차지하는 비중이 15.6%에 달한다는 KDI의 연구결과[35]와 국내총생산 대비 가계부채 비율이 2014년 기준으로 73%에 달한다는 점도 일본의 불황 시와 유사하다. 공공 부문의 기초여건 악화도 닮은꼴이다. 경기 침체의 여파로 국세 수입이 목표치를 3년 연속 밑돌면서 재정수지 적자 폭도 점차 확대되고 있기 때문이다.

한국경제의 잠재성장률은 출산율 감소 및 인구 고령화에 의한 노동력 감소와 투자수요 위축의 영향으로 점차 하락하게 될 것으로 전망하는 의견이 지배적이다. 예컨대, LG경제연구원은 향후 5년간 한국경제의 잠재성장률을 2%대 중반으로, 그리고 2020년대에는 1%대로 낮아지게 될 것으로 내다보고 있는 것이다. 잠재성장률의 하락은 우리 경제의 구조적 문제와 맞물려 우리 경제의 장기 침체를 불가피하게 하고 있다.

그러나 경제 침체는 우리만의 문제가 아닌 전 세계적인 현상이다. 세계의 주요국들이 경기 침체를 벗어나기 위한 경제구조 개혁에 나서고 있지만 경기 침체 현상은 당분간 계속될 전망이다.

주요 선진국들 중에서 가장 빠른 경기 회복세를 보이고 있는 미국은 중앙은행이 나서서 3차례에 걸친 양적완화 정책[36]을 시행하였다. 이를 통해서 성장률을 높이고 실업률을 낮추는 데 성공했지만 유효수요의 부족으로 실물경제의 회복세는 기대에 못미쳐서 지속적인 성장을 장담할 수가 없는 입장이다.

20년 간의 장기 침체를 벗어나기 위하여 일본 역시 대규모적인 양적완화를 단행하였다. 그러나 엔저(円低) 효과로 일본 수출기업들의 실적이 개선되고는 있지만 일본의 성장세는 여전히 불안하고, 20년 장기 침체기를 겪으면서 쌓아진 개혁 과제는 그대로 산적해 있다.

중국은 제조업의 수출 감소에서 오는 경기 둔화를 서비스산업과 내수시장의 육성을 통하여 막아내면서 수출 확대를 위한 위안화 평가절하조치 등 경제체질 개선에 적극적으로 나서고 있다. 그러나 부동산시장 등 경제의 거품 붕괴에 따른 불확실성과 위기감은 더욱 증폭되고 있다.

중국의 수출 감소에 따른 원자재의 수요 감소로 호주, 캐나다, 브라질 등 자원 수출국들의 수출이 감소하면서 이들 국가도 동반 침체의 길로 들어서고 있다.

유럽은 글로벌 금융 위기 이후 한동안 부채 감축에 주력했지만 남유럽 국가들의 재정 위기로 유로존(Euro-zone)이 해체 위기로 몰리자, 다시 양적완화 정책으로 돌아서면서 경제의 불확실성이 커지고 있다.

이러한 글로벌 경기 침체 현상이 우리 경제의 수출을 감소시키고 있고, 이에 따라 한국경제는 '경제 위기론'이 상시화(常時化)하면서 기업들의 신규 투자가 감소하고 있다. 기업들의 투자 여력이 모자라서가 아니라 투자하기 마땅한 데를 찾지 못해서 투자 감소 현상이 일어나고 있는 것이다.

왜 수익성 있는 투자처를 찾기 어려운가?

그것은 세계 경제가 과잉공급의 시대를 맞고 있기 때문이다. 월스트리트저널(2015. 4)에 의하면 세계 경제는 원유, 목화, 철광 등 원자재뿐만 아니라 거의 모든 완제품의 과잉상태(Excess of almost everything)에 놓여 있다고 분석하고 있다. 예컨대, 미국의 내구 소비재 재고는 통계 작성 이후 최고 수준인 4130억 달러에 달하고 있고 중국의 자동차 재고는 2년 6개월 분에 달하고 있다고 한다. 이러한 과잉재고 때문에 세계 상품가격은 34% 정도가 하락하여 2009년 수준으로 되돌아 갔다는 것이다. 과잉공급의 시대(Age of oversupply)를 맞이하여 저물가, 저성장의 터널에 빠져들고 있는 세계 경제 환경에서 수출 의존도가 높은 한국경제도 침체의 늪으로 빠져들고 있다.

정부는 경기 부양을 위해서 금리를 낮추고 돈을 푸는 등의 전형적인 총수요 부양 정책을 선택하고 있다. 그러나 총수요를 늘려도 공급 측면에서 애로요인이 있으면, 가격이 오르고 거품이 발생하게 된다.

그러므로 총수요 부양 정책에 못지않게 중요한 것이 경제의 공급애로
요인 해소 문제인 것이다.

한국경제가 당면하고 있는 공급애로는 두 가지 측면에서 원인을
찾아 해소해 나가야 한다.

첫째는, 고비용 구조를 해소해야 공급애로가 해결된다. 지금의 일
자리에도, 상품에도 고비용 구조가 고착되어 있기 때문에 노동력이
나 자본 투입은 늘어나지 않게 되고, 이에 따라 생산성 향상은 더디
게 진행되어 공급이 증가할 수가 없다. 정부가 규제완화와 노동개혁
에 적극적으로 나서고 있는 것도 현재의 고비용 구조의 해소에 기여
하기 위한 목적 때문이다.

둘째는, 우리나라 경제를 앞에서 이끌고 있는 대기업들이 애써 외면
하고 있는 산업 분야에 대한 투자의 길을 새롭게 열어야 한다. 외국
에는 있지만 국내에는 없는 직업이 너무 많다. 예컨대, 미국에는 3만
개의 직업이 있고 일본에는 2만 개의 직업이 있는데 한국에는 1만 개
의 직업밖에 없다. 임금피크제를 도입하여 일자리를 나누는 것도 필
요하지만 대기업이 책임지는 새로운 일자리를 많이 만드는 것도 필요
하다. 잊혀진 직업, 없는 상품, 하지 않고 피하는 산업을 발굴해서 새
로운 국내외 시장을 열어서 공급 능력을 키우고 일자리도 창출해야
경제가 활력을 되찾게 된다.

최근 5년간 10대 기업의 사내유보금이 해마다 50조 원씩 쌓이고 있
는 투자수요 부족 현상과 관련하여 새로운 투자수요를 창출하기 위

해서 신산업성장전략에 관한 논의가 정권 차원의 지원을 받아 무성하게 진행되고 있다.

창조경제의 핵심인 S/W산업을 육성하는 투자 확대로 10% 미만의 S/W국산화율을 끌어올리는 일, 벤처·혁신기업으로 돈이 흘러가도록 금융산업을 혁신하는 일, 사물인터넷·빅데이터 등 미래 유망산업에 대한 투자를 확대하는 일 그리고 금융·보건·의료·교육·관광 등 부가가치가 높은 서비스산업 육성에 대한 투자를 늘리는 일 등이 그것이다.

물론 하나같이 중요한 일이다. 그러나 성장잠재력이나 경제의 파급효과 측면에서 신산업에 못지않게 중요한 농업의 미래성장산업화를 위한 투자 확대 논의가 쏙 빠져 있는 것은 참으로 이해하기 어려운 일이다.

여태까지 우리 경제의 부담산업으로만 인식되어 왔던 농업의 놀랄만한 잠재적 가치에 대해서 잠시 눈길을 돌려보자.

좁은 땅에서 이렇다할 기업체제도 갖추어지지 않은 가족농경영으로 세계 최고 수준의 생산성을 발휘함으로써 국민영양열량의 절반을 공급하면서 5000만 명의 국민을 부양해 온 산업이 우리 농업이다. 시장개방 과정에서 값싼 해외 농산물과 경쟁하면서 자재산업과 유통산업 등 전·후방산업을 고루게 갖추어 거느리고 있는 종합산업이 우리 농업이다. 새마을사업으로 농촌 지역사회를 근대화시킨 원동력이 바로 한국농업이다. 국토와 환경보전적인 기능을 무보수로 생산하여 국내

| 구원투수로 농업 세워라 |

경제에 공급하고 있으면서, 고령화된 은퇴노동력과 산간지 다랑논 등 우리 경제의 한계적 자원을 고용하고 있는 기초산업이 우리 농업이다.

무엇보다도 2010년대 현재의 농업자본생산성 수준(0.53)이 1990년대 제조업 부문의 그것(0.50)보다 높기 때문에 민간 부문이 당면하고 있는 투자수요 부족 문제를 수익성 높은 농업 부문 투자로 해소할 수 있는 산업이 우리 농업이다. 나아가서 민간 부문의 투자 증가로 노동과 토지 집약적인 현재의 농업자원 결합 구조가 자본과 기술 집약적인 이용 구조로 전환하게 되면 농식품 부문의 생산성 향상과 국제경쟁력 향상이 이루어져서 신상품과 신시장 창출도 기대할 수 있는 산업이 우리 농업이다. 그러므로 한국농업을 앞장세우는 차별화된 접근 방법으로 장기 침체기에 접어들고 있는 우리 경제의 활로를 열어가는 새로운 투자전략을 선택해야 한다.

그렇다면 어떠한 투자전략이 필요한가?

첫째, 전 세계적으로 빠르게 성장하고 있는 바이오 식·의약품 산업에 대한 획기적인 투자 증가로 농업을 식량생산업으로부터 BT(생명공학), ICT(정보통신기술) 융·복합소재(素材)산업으로 이끌어야 한다. 세계 바이오산업은 2010년의 1535억 달러에서 2015년 3090억 달러 규모로 연평균 14.8%씩 빠르게 성장하고 있다. 농업은 바이오 소재산업으로서 부가가치 창출 가능성이 매우 높은 분야로, 민간자본이 개입하여 농업과 과학기술과의 수익성 높은 융·복합화를 이끌어 나가야 한다.

둘째, 고품질 농식품의 수출시장 확대를 이끌어야 한다. 시장개방 확대에 대응하여 그동안 농업계는 한마디로 내수시장을 해외 농산물 공세로부터 지켜내겠다는 수세적 자세를 견지해 왔다. 그러나 이제는 수출 지향적인 공세적 자세로 바뀌어야 글로벌 경쟁 시대에서 살아남을 수 있다. 국민소득이 크게 늘어난 중국과 동남아시아 등지를 목표시장(Target market)으로 하여 확산되고 있는 한류와 K-pop 열풍에 편승하여 한국인의 농식품(K-food)을 세계인의 식탁에 올리는 일을 농업 부문과 우리의 종합상사가 협력사업 모형으로 담당해야 한다. 6·25동란이 휩쓸고 지난 폐허에서 시작한 가발 수출에서 오늘날의 세계 7위권의 수출 대국을 이룩한 경험과 열정으로 민간기업 분야가 K-food 수출을 성공시키는 일을 담당해야 할 때가 왔다.

우리보다 국토 면적도 좁고 인구도 적은 네덜란드[37]는 생산성 높은 유리온실을 기반으로 하는 고품질 원예농산물의 수출과 가공식품 및 화훼 중계무역으로 세계 2위의 농식품 수출국으로 부상하고 있다. 우리라고 해서 작고 강하며 동시에 농식품 수출도 더 잘할 수 있는 나라를 만들지 못할 까닭이라도 있는가? 네덜란드가 이웃하고 있는 유럽 시장보다 훨씬 크고 역동적인 인구 15억의 동북아시아 시장을 우리는 이웃하고 있지 않은가?

셋째, 농업협력사업을 디딤돌로 하여 개도국의 신시장을 확보해야 한다. 무역 1조 달러 시대의 한국은 정체·쇠퇴하고 있는 선진국 중심의 전통적인 수출시장을 대체할 수 있는 떠오르는 신흥시장

(Emerging market)[38]을 공략할 준비를 갖춰야 더 큰 무역 대국으로 도약할 수 있다.

2015년 신흥국의 소득 2만 달러 이상의 인구는 8억 5000만 명으로 늘어나서 선진국의 8억 명을 추월하게 되어 세계 경제에서 소비시장으로서의 역할이 보다 중요해질 전망이다. 그러나 이들 나라는 대부분 식량자급률의 향상과 농촌개발의 필요성을 절실히 느끼고 있는 처지이다. 이들 나라들이 절실히 필요로 하는 농업협력사업을 추진하는 과정에서 자원 확보의 통로를 개발하고 한국 상품의 새로운 시장을 열어가자는 것이다.

브라질과 같이 거대한 미개발지(1억ha 이상)를 보유한 나라에는 우리의 '해외식량기지'를 확보하기 위한 대규모 농업협력사업이 필요하다. 중국에는 농산물유통시설(도매시장과 산지시설 등)에 대한 수요가 크다. 아프리카 나라들은 '새마을운동'과 같은 농촌 개발 기술과 농작물 재배 기술에 대한 수요가 크다. 동남아시아 국가들은 농업생산기반(관·배수시설 등) 정비에 대한 수요가 크다. 이들 나라의 중심 수요층인 청년들은 하나같이 열성적인 K-pop 팬이라는 공통분모가 형성되어 있는 것도 우리에게 유리한 특징이다.

개도국의 다양한 개발 수요에 대한 맞춤형 농업·농촌개발협력사업은 한국만이 베풀 수 있는 전략적 무기로서 개도국에 대한 지원사업을 통하여 새로운 수출시장을 여는 동시에 자원과 식량을 확보하는 일석삼조(一石三鳥)의 기회를 열어가야 한다.

농업을 앞장세워서 수출시장의 새로운 지평을 열고, 일자리 창출의 외연(外延)을 확장함으로써 경제 위기를 멋지게 벗어나야 한다. 이 길은 민간기업 부문과 농업 부문이 상생, 협력하는 새로운 사업 모형(model)으로 열어가는 것이 바람직하다. 이를 위해서 정부와 정치권은 제도 개선과 함께 지원 정책을 서둘러 강화해 나가야 한다.

농업을 앞장세워 남북통일의 길 열자

북한은 안보를 위협하고 있는 정치불안의 땅이지만, 경제적으로는 개간이 덜 된 마지막 기회의 땅이다. 또한 쿠바가 개방을 선택한 뒤에 지구상에 마지막 남은 폐쇄사회의 땅이기도 하다. 한반도는 대륙 세력(중국, 러시아)과 해양 세력(일본, 미국)을 연결하는 통로에 자리하고 있다. 그러나 북한이 연계통로를 가로막고 있는 통에 남한은 대륙 자원과 시장에 접근하기 위한 육지 연결통로가 봉쇄된 채 해양의 자원과 시장에 의존할 수밖에 없는 반쪽짜리 경제성장 전략을 추진하면서 오늘에 이르고 있다.

한반도와 연결된 만주벌판에 연이어진 유라시아 대륙은 그야말로 광활하다. 광활한 대지가 품고 있는 부존자원량도 무궁무진할 뿐만 아니라 수십억에 달하는 역내 인구가 조성하는 시장 규모 역시 거대하다. 이 거대한 시장과 자원에 단 한 번의 상·하역작업으로 단기간 내에 도착할 수 있는 육로 접근수단을 확보할 수 있다는 것만으로도 무역 대국 대한민국의 새로운 성장 기회가 추가될 수 있다.

한반도 밖의 시장과 자원확보 조건의 유리성뿐만 아니라 한반도 내부, 남한과 북한이 보유하고 있는 자원과 기술 이용의 최적화 실현도 대한민국 경제의 중요한 기회요인으로 작용할 수 있다. 남한의 축적된 자본과 기술을 북한의 저수준으로 이용되고 있는 노동자원과 결합시키면 경쟁력 높은 신상품을 다수 만들어 신시장 개척에 나설 수 있다. 말하자면 개성공단 모형을 북한 전 지역, 또는 DMZ 지역에 다수 조성하여 남·북한 경제성장을 견인하는 전초기지로 활용할 수 있다는 것이다.

낙후된 생활 수준에 고통받고 있는 북한 주민의 생필품 시장도 성장잠재력이 높은 내수시장으로 문득 바뀔 수 있다. 그러므로 통일은 대박이다. 저성장의 늪으로 점점 빠져들고 있는 대한민국 경제에 통일은 새로운 자원이용 가능성을 높여주고 동시에 새로운 시장에 대한 접근 기회를 늘려줄 수 있는 대박의 기회일 수 있다.

만성적인 식량 부족으로 인구의 1/3 이상이 영양실조 상태에 처해 있는 북한 경제에도 통일은 대박의 기회가 될 수 있다. 남북한의 보유자원과 기술의 이용 최적화 모형의 도입 및 적용으로 식량획득 기회는 물론, 새로운 일자리와 소득 창출의 기회를 확보할 수가 있기 때문이다.

북한의 식량난은 구조적인 문제이다. 최근 5년간 식량생산량은 식량소요량(사료용 불포함)에 비해서 10~15%가 부족하여 상업적 수입과 외부 지원에 의존하여 식량 부족량을 해결하고 있다. 그러나 외화 부족 등 이유로 외부 수입량이 여의치 않을 경우, 북한 주민들의 식량 사정은 악화될 수밖에 없다. 북한의 식량생산량이 식량소요량에서 차지하는 비중은 2010년의 84.4%에서 2014년에는 94.4%로 점차 자급률이 높아지고는 있지만 부족한 식량은 충분히 수입되고 있지 않아서 부족량은 2012년의 11.8%에서 2014년에는 1.7% 사이를 오르내리고 있다(표 6-1).

〈표 6-1〉 최근 5년간 북한의 식량수급 현황: FAO 자료

(단위: 만톤, %)

구분	2010	2011	2012	2013	2014
식량소요량(A)	531	534	536	539	533
생산량 (양곡년도)(B)	488	469	441	492	503
외부수입량(C)	41	42	33	30	30
공급량(D)	491	512	473	522	533
부족량(E)	42	22	63	16	9
비율 B/A	84.4	87.8	82.3	91.8	94.4
C/A	7.7	7.9	6.2	5.6	5.6
E/A	7.9	4.1	11.8	2.9	1.7

자료: 남성욱. "북한의 식량사정과 향후 수급방안". 「기로에 선 한국의 식량과 에너지 정책」. 2015.9

식량부족량이 식량생산량의 증가로 인해서 줄어들고 있다고 하더라도, 북한의 식품에너지 공급량이 2014년 현재 1일 1인당 2000kcal 수준으로 남한의 2/3수준에도 미달하여 심각한 영양부족 상태에 처하고 있다는 점을 고려하면, 현재의 식량소요량은 앞으로 소득 증가에 따라 150만~200만 톤까지 추가적으로 증가되어갈 것이므로 북

한의 식량생산 능력은 현재보다 최소한 30% 이상 향상되어야 만성적인 식량부족 상태에서 벗어날 수 있다.

북한은 총경지면적 191만ha 중에서 186만ha에 이르는 집단농장 체제를 운영하고 있다.[39] 이 집단농장의 운영 시스템이 식량의 만성적인 부족을 야기시키는 중요 원인으로 지적되고 있다. 농장원들의 영농의욕을 고취하기 위하여 김정은 체제 출범 이후 2~3가족 중심의 개인생산 형태로 집단영농 구조를 변화시키는 데 주력하고 있다. 하지만, 1978년 중국의 농업개혁에서 보는 바와 같이 효율성이 낮은 집단농장을 해체하여 개인영농 시스템으로 변화시키는 전면적인 개혁에는 미치지 못하고 있다. 그러므로 대규모의 협동농장에 소규모의 개인농 형태가 일부의 포전(圃田)을 담당하는 전환기적인 혼합개인농 체제가 북한 농업의 지배적인 농업경영 형태로 당분간 지속될 것으로 예상할 수 있다.

집단영농 제도가 지닌 생산의욕 저하란 원천적인 문제점 이외에도 홍수와 가뭄 등 자연재해 발생시 북한의 대응 능력이 취약해서 식량생산의 차질이 자주 발생하고 있다. 산림훼손으로 인한 북한의 대규모적인 기상재해는 평균 3~4년에 한 번씩 발생하고 있다. 그러므로 안정적인 농업생산을 유지하기 위해서는 기상재해를 최소화할 수 있는 용수관리 시스템을 비롯한 생산기반 조성이 이루어져야 하지만, 북한의 계속되어온 경제난으로 현재까지 효과적인 용수관리 시스템은 제대로 이뤄지지 않은 상태이다(표 6-2).

〈표 6-2〉 북한의 최근 자연재해 실태(2010~2015)

연도	재해내용	비고
2010	7월 홍수, 9월 태풍 곤파스	3만ha 면적의 작물 피해
2011	6월 태풍 메아리, 7~8월 호우	황해남북도, 평남, 함남 피해
2012	4월 봄 가뭄, 초여름 가뭄	보리, 벼 작황에 악영향
2013	5월 중순까지 가뭄	보리, 벼 작황에 악영향
2014	7월 초순까지 가뭄	100년 만의 가뭄

자료: 남성욱 「북한의 식량사정과 향후 수급방안」 2005.9

이외에도 비료, 농약 등 농자재의 부족 현상과 농기계의 노후화 등
투입재산업(Input Industry)이 경제부진 여파로 공급이 제약되고 있
어서 북한 농업의 생산성을 낮추는 중요한 구실을 하고 있다.

북한의 '불벼락'과 '핵성전'을 앞세운 무력도발 의지를 근원적으로
봉쇄할 수 있는 북한 지원 정책의 콘텐츠(Contents) 혁신이 이뤄져야
통일에의 길로 다가설 수 있다. 이제는 북한의 요구를 수용하여 조건
부로 식량과 비료를 찔끔찔끔 지원하는 북한 지원 방식부터 바꿔야
한다. 북한 농업의 생산성 향상을 목표로 하는 계획적인 북한농업협
력지원사업으로 북한 주민의 고질적인 식량부족 해소에 기여하고 통
일비용을 절감할 수 있어야 한다. 나아가서 남북한 간의 신뢰 회복을
통해서 북한 리스크(Risk)를 극복하고 통일의 길을 앞당겨야 한다.

10년 동안 계속되어왔던 햇볕정책의 지원 대상은 한마디로 북한 정
권이었다. 70년째 계속되고 있는 김일성 왕조의 세습 체제를 강화하
는 제반 사업에 초점을 맞추어 왔던 북한 정권에 대한 다양한 경제지

원 체제를 이제는 북한 주민의 '먹고 사는' 민생 문제의 근본적인 해결에 초점을 맞춘 지원정책으로 전환해야 한다. 북한 농민과 주민을 수혜 대상으로 삼는 농업협력지원사업으로 통일에의 길을 열어나가야한다.

농업을 앞장세운 북한지원사업에 의해서 북한은 만성적인 식량난의 해소를 통하여 민생을 안정시키는 효과를 얻을 수 있고, 북한 주민의 기아와 영양부족 해소에 실질적으로 기여하는 남한의 역할에 대한북한 내의 호의적 여론 조성으로 남한은 북한 정권의 무모한 도발 의지를 궁극적으로 견제할 수가 있다. 또한 북한 집단농장의 인력 의존적인 영농체제를 생력(省力)적인 기계화 영농체제로 전환함에 따라서발생한 잉여 노동력을 남한의 제조업과 농업 부문 등에 취업시킴으로써 남·북한의 상생(Win-Win)하는 길도 기대할 수 있다.

북한 농업의 생산성 향상을 목표로 하는 농업개발협력사업은 크게두 가지 방향의 사업으로 진행하는 것이 바람직하다.

집단농장의 생산성 향상을 위한 농업·협력지원사업

1. 경영협력시범농장 지정

- 남·북한 간의 협상을 통하여 경영협력시범농장을 북한 전역에 수개 소 선정, 지정
- 참여주체: 남한측 공기업 또는 민간단체, 북한측 협동농장 및 국영농 장 지도부
- 벼, 감자, 콩 등 식량작물 재배농장 선정

2. 경영협력사업 내용

- 생산기반 정비 및 농기계와 농자재 지원
- 생산기술 지원(특히 생력재배 기술과 가뭄극복 기술)
- 경영성과 확인 후 협력지원 대가 배분(경영성과의 일정 몫 협상 시 사전결정)

3. 기대효과

직접효과
- 생산성 향상으로 북한의 식량난 해소에 기여
- 기계화 영농에 의한 잉여노동력의 한국 내 취업기회 제공으로 북한 농장원의 농업외 소득 증가

간접효과
- 북한 주민의 남한에 대한 호의적 인식 증가, 무력도발 의지 원천적인 감축
- 통일비용의 원천적 축소

벼 직파 신기술에 의한 남북농업협력사업 성공사례

1. 추진 과정

- 사전 전문가 회의 및 현지 방문조사: 총 4회(북경2, 개성1, 현지 농장1)
  - 남한: 박광호 교수(한국농수산대학), 한민족복지재단(NGO)
  - 북한: 민족화해협의회, 농업성, 북한농업과학원, 약전농장(협동농장), 순안농장(국영농장)

2. 사업 내용

- 사업명: 복토직파 신기술에 의한 생산성 증대 및 생산비 절감
- 사업기간: 2006~2007(2년)
- 사업장소: 약전농장(2006~2007. 평남 숙천), 순안농장(2007. 평양 순안구역－농업성 국영농장)
- 사업규모: 분단 이후 최대 규모
  - 1차년도: 918ha(벼농사 800ha, 보리 103ha, 콩 15ha)
  - 2차년도: 1200ha(약전농장: 800ha, 순안국영농장 400ha/ 여의도 면적의 4.1배)
- 남한 지원내용: 복토직파기(복토멀티시더), 트랙터(직파기 견인용), 농자재(규산질 및 화학비료, 농약), 전문가 현지 방문 및 기술 밀착지도

3. 사업 성과

- 생산성 증대효과: 이앙농법(표준재배) 대비 9.2% 증수(벼 수량 717 kg/10a, 공인 증명서 및 종합보고서 발간, 북한 전체 쌀 수량의 1.8배)
※증수요인: 화학비료의 측조시비(땅 속에 줄로 묻힘) 및 정밀파종
  - 2006 북한협동농장(4000여 개) 중 우승기(표창장) 수상 및 감사의 표시로 벼 5톤 인천항으로 보내 왔으며, 2007년도 성과로는 고려민항 직항기를 김포공항으로 보내옴.
  - KBS TV 다큐 방영: 2006. 11. 15(60분)
- 초생력(직파) 기계화 벼농사로 협동농장 종사원 6100명 중 98% 절감
  - 100명으로 2400ha 벼농사 가능(자체 평가)
- 그동안 북한농업과학원의 자체실증시험 및 경제성 비교분석(주체농법, 남한의 기계이앙농법, 신기술 직파농법) 결과 2013년도 1억 평 (3만 3000ha) 사업지원 요청온 일이 있음(민간 채널).

4. 지원사업 이후 신기술 개발 성과와 적용 가능성

- 지속적인 직파기술의 발전(①철분코팅 무논점파 ②철분코팅 담수산파 ③복토 무논점파 ④관개 건답직파 ⑤친환경 멀칭직파 – 농식품부 들녘경영체 사업 추진 중)으로 초생력 직파 신기술 보급 가능
- 관련 신기술 이용 '감자파종기(로터리 + 두둑만들기 + 7cm 정밀깊이 씨감자 묻기 + 점적관개호스 3cm 깊이 묻기(가뭄해결) + ▬ 자형 타공비닐 덮기 일관 동시기계작업)' 개발, 보급 가능
- 북한의 식량작물 생산성 증대 및 노동력의 획기적인 절감으로 자체적인 식량자급 조기 달성 기대

비무장지대(DMZ)에 남북한 협력사업으로 양돈 클러스터 설치·운영

비무장지대 내에 세계평화공원을 설치하자는 제안은 박근혜 대통령의 주요 공약사항인 동시에 넬슨 만델라 전 남아공 대통령이 DMZ 활용 방안으로 공식 제안한 것이다. 이와 연관지어 남북한 경제협력지구, 즉 제2 개성공단을 평화공원 조성 방안에 포함시키는 방안도 거론되고 있다. 나아가서 휴전선을 따라서 남북 평화지대를 조성하여 군 초소를 없애고, 경제협력지대를 조성하자는 의견도 나오고 있다.

DMZ는 폭 4㎞, 길이 205㎞에 이르는 남북의 군사분계선이다. 전쟁이 끝난 지 60년이 지나는 동안 인적이 끊기면서 자연환경이 오롯이 보존되어 생태계의 보고로 변한 드넓은 자리는 통일과 함께 가장 가치 있는 용도로 이용될 수 있어야 동란으로 인한 피해를 후손들이 보상받을 수가 있다.

대부분의 DMZ 지역은 마지막 남은 생태계의 보고로 세계평화공원 등으로 보전해나가는 것이 마땅하다. 그러나 보전가치가 떨어지는 평야지역 등 일부의 지역은 남북 경제협력지대를 조성해서 남한의 자본과 기술, 북한의 노동력 등 자원을 결합, 이용시키는 협력사업 모형을 개발해서 일자리와 수출시장 등 신시장 개척 등 사업에 이용하는 것이 바람직하다.

제2 개성공단 조성 등 계획적인 제조업 협력기지를 조성하는 방안에 덧붙여 대규모 수출용 양돈 클러스터를 남북 협력사업 방식으로 조성하는 방안을 제안한다. DMZ에 축산시설을 설치하는 것은 공업뿐만 아니라 먹거리 산업인 농업 분야도 남북한의 상생협력사업으로 성공시킬 수 있다는 상징적인 의미 이외에도 님비(Not In My Backyard)현상의 심화로 적절한 대규모 축산단지를 입주시킬 수 있는 적지를 발견하기 어려운 남한이 처하고 있는 현실적 애로를 해소한다는 뜻도 있다.

1. 양돈 클러스터 시설 설치

- 면적: 4㎞ × 8㎞ 1개소, 또는 4㎞ × 4㎞ 단위 수개소
- 핵심시설: 양돈사육장, 가공공장, 분뇨처리장, 연구시설

2. 운영 방안

- 남한의 자본과 기술, 북한의 노동력 결합에 의한 남북한 상생협력 축산 모형 지향
- 기계화 및 BT·ICT 등 첨단기술, 융복합 기술 활용한 고생산성 친환경 축산 지향
- 인근 중국과 동남아 및 일본 등지의 수출용 돈육 및 육가공품 생산단지 조성
- 생산퇴비는 전량 척박한 북한 농경지로 환원하는 대신에 북한에서 생산된 사료작물(옥수수, 감자)을 이용하는 순환축산시스템 적용

3. 기대효과

- 수출전용 양돈단지 확보
- 친환경축산시범단지 확보
- 축산단지 조성 적지 확보 및 북한 주민의 일자리 확보

통일은 준비하기에 따라 대박이 될 수도 있고 쪽박을 차게 될 수도 있다. 그렇기에 정부도 통일준비위원회를 출범시켰고 한 언론사는 한 가정마다 월 1만 원의 통일적금운동으로 통일나눔펀드 조성에 나서기도 한 것이다.

통일 한국은 남과 북으로 나뉘어서 살던 사람들이 더불어 살아가면서 만들어 가는 사회다. 북한 주민은 사회주의 체제 때문에 개인적 역량을 마음껏 발휘하지 못하고 살아온 것이 분명해 보인다. 북한 주민은 워낙 시장경제 질서에 적합한 품성을 지녔기 때문이다. 피난 시절 부산의 국제시장과 서울 남대문시장의 상권을 실향민이 차지했었다는 사실이 이를 입증한다. 현대그룹의 신화를 창조한 고 정주영 회장도 북한 사람이었고 조선시대의 상권을 장악한 상인도 북한 개성인이었다. 생활력 강한 사람의 대명사인 또순이는 함경도 여자였고 조선시대의 가장 왕성한 무역상인도 평북 의주인이었다.

근면하고 자립심 강한 북한 주민에게 일자리를 만들어주는 일은 북한 주민의 소득을 높여주는 길인 동시에 남한의 산업생산성을 향상시키는 길이다. 또한 시장경제 체제의 우월성을 입증하는 길이기도 하다. 이를 통해서 북한 주민들이 보다 잘살 수 있는 경제적 기반을 제공할 수 있어야만 통일비용을 줄이고 통일에의 길을 단축시킬 수 있다.

북한 주민들은 분단 70년 동안 사회주의 체제 속에서 살아왔기 때문에 우리와 같은 민족이기는 하지만 의식체계나 행동양식이 전혀 다르다. 그러므로 통일을 위해서는 북한 주민들의 마음부터 얻어야 한다. 무엇보다도 '먹고 사는' 절실한 문제부터 풀어가는 농업협력사업부터 시작해야 북한 주민의 마음을 쉽게 얻을 수가 있다.

남한의 기술과 자본력으로 북한의 '먹고 사는' 문제가 술술 풀리고 있는데, 그리고 북한 집단농장의 기계화영농 추진으로 남게 된 잉여 노동력이 남한 공장이나 농장에 취업해서 생활비를 꼬박꼬박 송금하고 있는데, 북한 군부가 '핵전쟁'이니 '불바다'니 하는 망발을 어찌 감히 할 수 있겠는가?

북한 주민의 마음부터 얻어야 통일의 길을 열 수 있다. 농업을 앞장 세워야 통일의 길을 쉽게 열 수 있다. 그것이 농업을 앞장세워야 할 가장 중요한 이유다.

경제 위기 극복의 길도, 남북통일의 길도, 구원투수로 농업을 세워야 쉽게 열어갈 수 있다.

"네 보물이 있는 그곳에 네 마음도 있느니라."(마 6:21)

1) 경제의 성장잠재력은 일반적으로 인적자원의 투입 증가와 총요소생산성의 증가에 의해서 계측된다. 한국경제의 성장잠재력은 출산율 저하와 인구의 고령화에 의한 생산가능인구의 감소 및 신규투자의 감소 등 이유로 2008년 이후 3%대로 떨어지고 있다.

2) 값이 비싸더라도 국산 농산물을 구매하겠다는 의견은 2006년의 36.0%에서 2014년에는 29.5%로 낮아지고 있다. KREI 농정포커스 제 100호 「농업·농촌에 대한 2014년 국민의식조사」

3) 많은 국민들은 엄청난 재정 투·융자가 농업 부문에 집중된 것으로 오해하고 있다. 엄청난 규모의 투·융자사업에도 불구하고 농업·농촌의 어려움이 계속되자, 농업 부문에 대한 투자는 "밑 빠진 독에 물 붓기"란 냉소적인 분위기마저 조성되고 있다. 그러나 재정투·융자사업으로 포장된 예산이 실제로는 계획기간 동안 집행된 농정 관련 예산 총액을 합친 숫자놀음(?)에 불과하다는 사실을 아는 국민은 얼마나 되겠는가?

4) 중국 공산당은 2014년 1월 19일 "전면적으로 농촌개혁을 심화하여 농업현대화로 매진하기 위한 의견서"를 공산당 1호 문건 형식으로 발표했다. 1호 문건에는 8개의 핵심 정책이 포함되어 있는데, 이 중에서 제5정책은 「새로운 농업경영체제 구축」으로 대규모 경영방식을 발전시키기 위해 다양한 농민조합의 발전을 위한 재정지원을 하고 필요한 금융·정보 서비스를 제공하며, 공급·수매 합작사(협동조합)가 농업생산 활동에 대한 종합서비스 플랫폼을 제공하는 등으로 구성되어 있다.

5) 정부의 사후적인 대책인 FTA피해보전직불금은 애초 피해액의 일부만 수입기여도를 반영하여 보상하도록 설계되어 있으므로, 필요한 정도까지 충분한 보상이 실현되지 않는다. 예컨대, 정부는 중국과의 FTA 발효 시 피해 규모를 20년간 1540억 원으로 발표하고 있다. 그러나 중국과의 FTA로 인한 국내 농업의 20년간 생산 감소액은 10조 원 정도로 추정되고 있다. 예상 생산 감소액의 불과 1.5%만 피해액으로 간주한 결과를 농민

들이 기꺼이 받아들이겠는가?

6) "밥 없다고 굶지 말고 라면 끓여 먹으면 되잖아요?" 그 당시의 굶주리던 시대를 설명하는 할아버지 말씀에 손자가 딱하다는 표정으로 한 말이란다. 그렇다. 냉장고에 먹을거리 잔뜩 쌓아두고 살 뺀다고 조금 덜 먹어서 느끼는 허기와 몇 끼니를 건너뛰어 느끼는 허기가 어찌 같겠는가?

7) "빨리, 빨리 코리안"은 전 세계가 알아준다. 세계 각국의 경제 발전 역사를 더듬어 보면 보통 1인당 국민소득이 1800달러에 이르는 시점에서 성장이 본격화된다. 미국은 1850년대 그리고 네덜란드는 1820년대 국민소득이 1800달러를 넘어서면서 경제가 급성장했다. 서구 선진국들은 평균적으로 150~200년 만에 오늘의 번영을 이루었다. 그러나 한국은 1981년의 국민소득이 1800달러였다. 그로부터 30년간 한국은 연평균 7~8%의 빠른 경제성장률로 오늘의 번영을 이루어 냈다.

8) 우리의 역사는 어느 강대국 편에 서느냐에 대한 갈등의 역사였다. 조선시대에는 명나라와 후금(청나라) 사이에서 갈등하다가 연이어서 호란(胡亂)을 겪고 삼전도(三田渡)의 굴욕을 감수했다. 한말(韓末)에는 일본, 중국, 러시아 등 주변 강대국의 어느 편에 서느냐로 갈등하다가 결국 나라를 잃었다. 해방 후에는 미국과 소련 양대 세력 중심의 편가르기로 나라가 두 동강 나는 아픈 현실에서, 중국의 힘을 빌려서 통일에의 길을 열고 미국의 힘을 빌려서 북한의 핵전쟁 도발을 억제해야 하는 처지에 놓여 있다.

9) 미국도 아시아 지역에 패권국의 등장을 반대한다. 왜냐하면 아시아 지역의 패권국은 반드시 미국과 세계 패권을 다툴 것이기 때문이다.

10) 1970년대의 한국경제성장률은 연평균 7.2%, 1980년대의 그것은 연평균 9.6%, 1990년대의 그것은 연평균 6.8%였으나 2000~2013년에는 3.6%로 떨어졌다.

11) 잠재성장률(Potential growth rate)이란 일국이 현재의 여건하에서 보유하고 있는 자본, 노동 등의 생산요소를 완전고용했을 경우에 공급애로를 겪지 않고 생산할 수 있는 최대의 생산증가율을 말한다. 그러므로 일국의 경제성장률은 장기적으로 잠재성장률에 맞춰서 수렴되는 행로를 보이게 된다.

12) 현재는 생산가능인구 6명이 노년층 1명을 부양하는 구조이지만 2040년이 되면 생산가능인구 1.8명이 노년층 1명을 부양해야 하므로 사회적 비용 부담액이 3배 이상 늘어나기 때문이다.

13) 전체인구 중에서 생산가능인구의 비중은 2014년의 73%에서 2060년에는 49.7%로 떨어지게 된다. 통계청에 따르면 생산가능인구는 2015~2020년 사이에 39만 명이 감소하고 2025~2030년에는 200만 명이 감소하게 된다.

14) 가계부채의 위험 수위는 통상 국내총생산의 75% 수준으로 본다.

15) 서기 0~1700년간의 세계 경제성장률은 인구 증가에 의한 성장률 0.06%와 1인당 생산증가율 0.02% 등 합계 0.08%였다. 그러나 1700~2012년간의 세계 경제성장률은 인구 증가에 의한 0.8%와 1인당 생산 증가에 의한 0.8% 등 합계 연평균 1.6%로 향상되었다. – 토마 피케티, 「21세기 자본」, 글항아리, 2014. pp 94~95

16) 미국에서 상위 1%의 연봉수령자가 총임금에서 차지하는 몫은 15~20%에 이른다고 한다. 우리나라에서도 2014년 12월 결산법인의 전문경영인 평균 보수는 12억 6000만 원으로 서울시 정규직근로자 평균연봉(4160만 원)의 30배를 넘었다. CEO 노동의 한계생산성이 정규직 근로자의 그것보다 30배 이상 높다는 사실을 받아들이기가 어디 쉬운 일인가?

17) "지가 언제부터 그렇게 잘 살게 됐다고…." "어쩌다 너는 인삼 먹는데 나는 무 먹게 됐니?"라는 말이 설득력을 가지는 지구상의 유일한 나라가 바로 대한민국이다. 불과 2세대(60년) 사이에 급속히 이룩한 경제성장의 뒤안길에서 소득 불평등에 따른 사회 양극화 현상이 빠르게 진행되고 있기 때문이다. 따라서 부자가 잘사는 것을 선진국처럼 기꺼이 인정해주기 보다는 "나누어 갈라먹자"라는 포퓰리즘이 확산되기 쉬운 분위기가 오늘날 우리 사회 혼란의 배경이 아닐까?

18) 법인세는 조세저항이 없어서 걷기가 쉬운 세금인데도 경제활성화를 위하여 많은 국가들이 세율을 계속 낮춰왔다. 우리나라도 김대중 정부 때 법인세 최고 세율을 28%에서 27%로 낮췄고 노무현 정부 때 이를 다시 25%로 낮췄다. 이명박 정부 때는 이

를 다시 22%로 낮추었는데, 야당 등 정치권에서는 이를 두고 '부자 감세'라고 공격하고 있다. 그러나 OECD 평균법인세율은 2000년의 30.6%에서 2014년에는 23.4%로 낮아지고 있다.

19) 2014년 국민소득은 4.6% 증가했는데 조세는 겨우 1.6% 증가했다. 이 격차를 제대로 줄일 수 있는 지하경제의 양성화 정책이 조세 정책의 혁신 방안이 되어야 한다. 그런데 이를 어쩌지? 고양이 목에 누가 방울을 달지? 정경유착의 질펀한 잔치판을 누가, 어떻게 허물어뜨리지?

20) 노동 개혁의 협상 테이블에 노동계 대표로 참석하는 사람들은 정규직 노조가 조직된 대기업·공기업·금융기관의 근로자 대표인데, 이들의 수는 전체 근로자의 7.6%에 불과하다. 나머지 비정규직 또는 노조 없는 기업들의 직원 등 92.4%의 근로자와 실업자, 자영업자 등 진정한 사회적 약자의 입장은 협상에서 거의 반영되지 않는다.

21) 사내유보금(社內留保金)은 기업이 자본거래에서 얻은 자본잉여금과 영업에서 발생한 이익 중에서 배당이나 상여금 등을 제외하고 사내에 유보하고 있는 돈을 뜻한다. 사내유보금이 늘어난 것은 기업이 배당, 상여, 투자 등에 보수적인 입장을 유지하고 있기 때문이다. 사내유보율(사내유보금/납입자본금 * 100)은 2013년 1257.6%에서 2014년 1327.1%로 1년새 69.5%p가 높아졌다.

22) 최세균 외, "농업의 미래성장산업화 가능성과 전략", 「농업은 미래성장산업이다」, 한국농촌경제연구원, 2014.9.

23) 착한 소비는 환경과 전통문화 보존 등의 공익적인 목적 실현 수단의 하나로 비정부기구(NGO)에 의해서 선택된 운동수단이었다. 그러나 현재는 지역 및 국내 농업을 유지, 발전시키는 NGO활동의 원동력이 되고 있다.

24) 조선 전기에는 백성들의 생활 안정을 위한 권농(勸農)적인 시책이 주로 강조되었지만, 조선 후기에는 봉건적 토지 소유제에 의한 지배계층의 착취를 뒷받침한 개혁 문제가 강조된 점으로 미루어서 '농자천하지대본'이란 용어는 지치고 성난 농심(農心)을 달래기 위한 사탕발림적 정치수사(政治修辭)였다고도 볼 수 있다. 오죽했으면 "말이 태어

나면 제주도로 보내고, 사람이 태어나면 서울로 보내라", "내 자식만은 땅두더지를 만들지 않겠다"란 자조적인 속언이 생겼겠는가?

25) 벼 재배면적은 10년간(2003~2013) 101만 6000ha에서 83만 3000ha로 18% 줄어들었다. 줄어든 벼 재배면적의 일부가 과채류 재배로 전환되면서, 과채류의 가격 하락 현상마저 유발하고 있다.

26) 2014년 전국에서 시행되고 있는 벼 직파재배 면적은 1만 7808ha로서 전체 벼 재배면적(81만 5506ha)의 2.2% 수준에 해당한다(농협중앙회).

27) 침종한 볍씨에 철분과 소석고를 입혀 직파(직파기 또는 미스트기 이용)함으로써 새(조류) 피해와 뜬묘현상 방지 및 잡초성 벼 방제 등에 효과적인 신기술이다.

28) 후진국의 공업화 추진 전략의 하나로서 경제 발전에 대한 여러 가지 장애요인을 극복하기 위하여 여러 공업 부문에 동시적으로, 그리고 대량으로 투자를 하자는 경제성장이론임. – P. N. Rosenstein Rodan, Problems of Industrialization of Eastern and South-east Europe, Economic Journal, June/Sep. 1943

29) 소위 경자유전(耕者有田) 원칙에 의해서 농지는 농민만이 소유하게 하는 농지소유 규제 방식이 계속되어온 결과, 임대차 경영 면적이 크게 늘어났고, 농지를 소유한 농민은 땅값의 상대적인 하락으로 인해서 오히려 잠재적 소득이 줄어드는 불이익을 당해 왔다. 농지를 규제하는 본래의 목적은 식량자급 능력의 확보 등 공공적 목표 달성이다. 그렇다면 농지는 농업 이외의 목적으로 이용할 수 없다는 이용권 규제가 이 목표 달성에 훨씬 효과적이다. 대만도 소유권 규제 방식으로부터 이용권 규제 방식으로 이미 전환했다.

30) 일본 농업법인의 농지 소유 조건도 농업매출액 50% 이상이다.

31) 농업법인의 사업 범위는 농업경영, 농산물유통, 가공, 농작업대행 등에서 농어촌 관광 휴양사업 등으로 그동안 계속 확장되어 왔다.

32) 중국 청도에는 신선농식품 수출전진기지가 2015년 현재 건설되어 가동되고 있다.

33) 2014년도 농식품부의 총지출(예산+기금)액은 13조 6371억 원이었는데, 이는 사업비(97.4%)와 기본적 경비(2.6%)로 나뉜다. 사업비는 농업·농촌사업비(93.7%)와 식품산업(5.8%) 및 기타사업비(0.5%)로 나뉜다. 농업·농촌사업비는 양곡관리·농산물유통(27.0%), 농업체질 강화(23.4%), 농가소득·경영안정(17.4%), 농업생산기반 조성(15.2%), 농촌개발(9.2%), 복지증진(3.2%) 등으로 나뉜다. 2014년 농업체질강화사업예산은 3조1056억 원인데 이 금액의 10%는 3100억 원이다.

34) 농가 가구당 인구 수는 1970년의 5.81명에서 2013년에는 2.49명으로 절반 이하 규모로 줄었고, 가구원 중에서 60세 이상의 노령인구의 비중은 1970년의 7.9%에서 2013년에는 47.8%로 6배 이상으로 높아졌다.

35) 일본의 부실기업이 차지하는 비중은 1990년대 경제불황을 거치면서 5%에서 15% 내외로 급증했다.

36) 미국 연준은 시중의 채권을 사들이는 형식으로 무려 4조 달러에 달하는 돈을 풀었다.

37) 네덜란드는 면적 4만 1543㎢, 인구 1687만 7000명으로 남한보다 면적은 41.6%, 인구는 32.8%에 불과한 유럽의 작은 나라이다.

38) 떠오르는 새 시장은 인구 규모가 크고, 청년층 비율이 높으며, 최근의 경제성장으로 인하여 신분상승이 진행되어 중산층이 늘어나는 특징이 있다. 세계적 투자은행인 골드만삭스는 중국, 인도, 브라질, 러시아, 남아공, 멕시코, 나이지리아, 파키스탄, 필리핀, 터키, 베트남, 인도네시아 등을 next 15국으로 지목하였다.

39) 북한의 집단농장은 협동농장(170만ha), 국영농장(7만ha), 종합농장(7만ha) 등으로 나누어진다. 협동농장의 생산물은 분배와 국가수매로, 그리고 나머지 집단농장들은 임금지불과 국가수매로 분배된다.

● 참고문헌

강마야 외, 「농업직불금제도 개선방안」, 충청남도, 2014

김동원 외, 「농업·농촌에 대한 2014년 국민의식조사」 농정포커스 제100호, 한국농촌경제연구원, 2014

김영훈, "북한의 농업, 전망과 과제", 한반도포커스, 2015

관세청, 「세계 HS 정보시스템」, 2014

국회예산처, 「한국경제의 잠재 성장률 예측」, 2014. 11

김병률, 「한국농업의 글로벌화와 농산업 고도화」, 2015. 9, 글로벌산업경제 포럼, KERI. 재경부. 농식품부, 2015. 8

김태곤, 「주요국가의 농가소득지원제도-미국, EU, 일본을 중심으로」, 농업 전망 2014, 한국농촌경제연구원, 2014. 2

김한호, 이태호, 「쌀 소득보전 직접지불제」, 서울대 산학협력단, 2014. 12

남성욱, "북한의 식량사정과 향후 수급방안", 「기로에 선 한국의 식량과 에 너지 정책」, 식량안보재단, 2015. 9

농식품부, 「농림축산식품 주요 통계」, 각년도

_____, 「농업의 미래성장산업화 방안」, 2014. 11

대한무역투자진흥공사, 「2014 외국인투자 가이드」, 2014

매일경제신문, 「포스트크라이시스&빅모멘텀」 매일경제신문사, 2010. 3

박준기, "농가의 경영안정을 위한 정책방향", 「농업전망 2013」, 한국농촌경 제연구원, 2013

성진근, "한국농업의 글로벌화를 위한 정책혁신과제", 「2015 글로벌산업경제포럼」, KERI외, 2015.8

_____, 「한국농업 리모델링, 제2판」, 도서출판 해남, 2014.1

_____, 「새농업경영론」, 도서출판 해남, 2011

_____ 외, 「농업이 미래다」, 삼성경제연구소, 2011.10

오호성, 「조선시대 農本主議思想과 經濟改革論」, 경인문화사, 2009

이태호, "미래성장산업화와 농정혁신방안", 농업의 미래성장산업화와 농정혁신토론회, 2015

중국공산당 1호문건 번역본, 성진근 외, 「해외비축·물류시스템을 활용한 비축사업의 효과성 제고방안」, 2014.10

최세균 외, "농업의 미래성장산업화 가능성과 전략", 「농업은 미래성장산업이다」, 농촌경제연구원, 2014.9

통계청, 농림어업총조사, 각년도, 전국 논벼 생산비, 2014

_____, 전국논벼생산비, 2014,

_____, e나라지표, 2014

Dominic Bourton edited, 「Korea 2020:Global perspectives for the next decade」, 랜덤하우스, 2010

LG연구원, 「2020 새로운 미래가 온다」, 한스미디어, 2011.1

M. Porter, 「On competition」, 1998

P.N.Rosenstein.Rodan, "Problems of Industrialization of Eastern and Southeast Europe", 「Economic Journal, June/Sep, 1943

Thomas Piketty, 「Capital in the 21 century」, 21세기자본, 글항아리, 2014.9

구원투수로
농업
세워라

1판 1쇄 발행일 2015년 12월 2일
1판 2쇄 발행일 2016년 2월 22일

지은이 성진근
펴낸이 임승한

마케팅 류준걸 최인석 구영일
디자인&인쇄 지오커뮤니케이션

펴 낸 곳 책넝쿨
출판등록 제25100-2015-00009호
주   소 서울시 강동구 고덕로 262
홈페이지 http://www.nongmin.com
전화 02-3703-6136 | **팩스** 02-3703-6213

© 농민신문사 2016
ISBN 979-11-86959-02-2 (03520)
잘못된 책은 바꾸어 드립니다. 책값은 뒤표지에 있습니다.